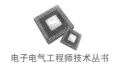

电子电气工程师技术丛书

基于ARM的嵌入式系统和物联网开发

DESIGNING EMBEDDED SYSTEMS AND THE INTERNET OF THINGS (IOT) WITH THE ARM MBED

[英] 佩里·肖（Perry Xiao） 著 陈文智 乔丽清 译

U0178452

机械工业出版社

China Machine Press

图书在版编目（CIP）数据

基于 ARM 的嵌入式系统和物联网开发 /（英）佩里·肖（Perry Xiao）著；陈文智，乔丽清
译 . —北京：机械工业出版社，2020.1
（电子电气工程师技术丛书）
书名原文：Designing Embedded Systems and the Internet of Things (IoT) with the
ARM Mbed

ISBN 978-7-111-64323-4

I. 基…　II.①佩…　②陈…　③乔…　III.①微控制器　②互联网络 - 应用　③智能技术 -
应用　IV.①TP332.3　②TP393.4　③TP18

中国版本图书馆 CIP 数据核字（2019）第 276715 号

本书版权登记号：图字　01-2019-0953

基于 ARM 的嵌入式系统和物联网开发

出版发行：机械工业出版社（北京市西城区百万庄大街 22 号　邮政编码：100037）
责任编辑：赵　静　　　　　　　　　　　　责任校对：殷　虹
印　　刷：北京文昌阁彩色印刷有限责任公司　　版　　次：2020 年 1 月第 1 版第 1 次印刷
开　　本：186mm×240mm　1/16　　　　　印　　张：17.5
书　　号：ISBN 978-7-111-64323-4　　　　定　　价：79.00 元

客服电话：（010）88361066　88379833　68326294　　投稿热线：（010）88379604
华章网站：www.hzbook.com　　　　　　　　　　　　读者信箱：hzit@hzbook.com

版权所有·侵权必究
封底无防伪标均为盗版
本书法律顾问：北京大成律师事务所　韩光 / 邹晓东

20 世纪 90 年代初，大家主要在小型机或工作站上编程和工作。X 终端[⊖]由于成本低性能好曾风靡一时。我的科研团队也自主研制了 X 终端，并因此在四个重要方向上有了较好的技术积累，这四个方向分别是：图形专用处理器及其外围电路的设计和实现，全栈式网络协议族的设计和实现，类 Unix 操作系统内核的底层改造和移植，X Windows 窗口系统的分析和移植。基于这几项关键技术的经验优势，我们在之后兴起和迅速发展的嵌入式系统、物联网、云计算等相关领域不断进行科研和教学探索，先后组织、承担和参与了不少国家级科研项目和重大企业科研项目，撰写了《嵌入式系统原理与设计》等国家级规划教材，把研究经验和成果带到了学校课堂上，开设了全国较早的嵌入式系统课程。

在嵌入式领域深耕二十余年，我对嵌入式的感情尤为深厚，当看到 Perry Xiao 博士撰写的这本书时，如遇挚友，希望能把该书的精彩跟大家一起分享。作者从嵌入式系统的基本概念入手，层层推进，到物联网应用以及在物联网推动下各软硬件技术的发展。书中首先介绍了嵌入式系统、微控制器和微处理器、Arm® 架构和 Arm® Mbed™ 系统，同时对物联网进行了概述，包括物联网应用和物联网驱动技术，以通俗易懂的语言引导读者初步了解嵌入式系统和物联网。然后介绍了基于 Arm® Mbed™ 的嵌入式系统设计，以及如何进行模拟输入 / 输出、数字输入 / 输出、通信接口、调试、在线库和项目管理。Arm® Mbed™ 是一个可以在线编译代码的工具平台，无须下载和安装任何软件，而且代码也更简单和易于理解，使初学者更容易入门。最后，本书还紧扣物联网发展热潮，介绍了如何使用 Arm® Mbed™ 开发物联网应用以及物联网应用实例。最值得一提的是，在本书中作者把读者视为自己初入门的新生，耐心细致地教授如何从零开始实现嵌入式系统设计和开发，书中有大量示例帮助读者更好地理解和掌握。

本书适合大学生和电子业余爱好者阅读，也可作为电子和计算机相关专业的核心教材或

⊖ X 终端，一种连接工作站主机的可以进行图形图像处理的终端。——译者注

教学参考书。本书的学习基础是对计算机工作原理、计算机网络和互联网等基础知识有所理解。

　　很高兴邀请到乔丽清女士共同翻译本书，在这个艰难又有益的过程中，我们还得到了很多同事的帮助和业内专家的指导，以及出版社的耐心修订。我们力求做到技术术语准确，但限于水平，如有错误或疏漏，恳请广大读者朋友批评指正。最后感谢本书原作者的支持、感谢大家的关心和帮助。

陈文智

2019 年于浙大求是园

很多年前第一次从同事那里拿到 Arm® Mbed ™ LiB 工具的时候，我的激动之情难以掩饰。它是一个由 ARM 大学计划捐赠的 NXP LPC1768 开发板。Arm® Mbed ™的主要特征是可通过一个网页浏览器在线编写和编译代码，这让我耳目一新。我毕生都在用各种微控制器。在 20 世纪 80 年代，我做本科毕业设计时，我研究的课题是使用 Intel 8051 单芯片微控制器进行激光能量控制。这其中的概念非常简单：从激光能量监测器上读取电压值，并与期望值进行对比，计算所需调整值后反馈给激光器，从而增加或减少激光输出。但是我们必须设计和制作自己的印制电路板，编写代码，并在 8051 微控制器上运行。那时，单片机编程不是一项简单的任务，需要用汇编语言编写程序。那时我们经常在实验室通宵调试代码。因此我曾使用过许多基于微控制器的嵌入式系统，可以说经历很丰富。有些嵌入式系统使用非常不方便，必须下载软件、下载工具链等。用我学生的话来说，得要一名博士生才能使编译器软件得以运行。代码也很复杂，需要配置寄存器和配置端口。即使生成无数行代码都不够！

令我印象最深刻的两个嵌入式系统是树莓派和 Arduino。树莓派价格优惠，规格紧凑，只有信用卡那么大。这是一个很好的用于学习计算和编码的工具包，它采用的是基于 Debian 的、完整的 Linux 操作系统和图形用户界面。但是对于很多学生项目来说，并不需要一个完整的操作系统，而且缺少模数转换器和数模转换器也是很大的缺点。Arduino 的价格和规格也很有优势，但令我印象最深刻的是它在硬件和软件上的简易性。我曾经读过很多所谓的"24 小时"书，而 Arduino 是真正的你能够在 24 小时内就学会的东西。它就是那么简单。但是，它只有有限的存储容量，也就意味着你不能写太长的程序，10 位模数转换器在诸多应用中常被证明是不够用的。

因此，当我向学生们介绍 Arm® Mbed ™ NXP LPC1768 开发板时，他们很快就喜欢上了它。他们喜欢基于网页的编译器。正是因为不需要在电脑上下载和安装任何软件就可以运行，它让生活变得简单了许多，代码也更简单和易于理解，真是太棒了。正如 Arm® Mbed ™ 网站上所述，只需 30 秒即可从盒子里获取开发板，并运行一个应用，无须安装任何软件！

Arm® Mbed™ NXP LPC1768 是最常用的单片机开发板之一，被学生和电子爱好者广泛应用。它基于 32 位 ARM® Cortex™-M3 微控制器，拥有 96 MHz 主频速度，512 KB 闪存，32 KB 内存，而且最重要的是，它有 12 位数模转换器。相比于 Arduino，它的功能更强大，运行速度更快。它还有很多类型的接口，包括以太网、USB、CAN、SPI、I2C、DAC、PWM，以及其他 I/O 接口。

但是，32 位 ARM® Cortex™-M3 微控制器已经逐渐走向了被淘汰的边缘，它将被 32 位 ARM® Cortex™-M4 微控制器取代。因此本书将重点关注新型的、令人期待的 Arm® Mbed™以太物联网入门工具包，包括 Arm® Mbed™ NXP FRDM-K64F 开发板和一个应用板。Arm® Mbed™ NXP FRDM-K64F 是新一代旗舰开发板，基于 ARM® Cortex™-M4 微控制器，CPU 频率高达 120 MHz，1024 KB 闪存，256 KB 内存，并惊人地拥有 2 个 16 位模数转换器。它比 NXP LPC1768 速度更快，功能更强大。它还有数模转换器和计时器，以及其他接口如以太网、非透明 USB 设备和串行接口。Arm® Mbed™以太物联网入门工具包是一个基于云的开发工具包，由 ARM 公司和 IBM 公司联合开发。它可为用户提供灵活的体验，用户可以顺畅地从开发板的传感器上发送数据到 IBM 云。它可以让用户通过 IBM BlueMix 平台进入 IBM 云应用。它尤其适合没有特定嵌入式或网页开发经验的用户，因为它提供了一种学习新理念和创建工作原型的平台。用户还可以对入门工具包硬件进行修改，以便满足个性需求。

由于拥有后向兼容性，许多示例代码也适用于 NXP LPC1768 开发板及其 Mbed 应用板。

在编写本书的时候，Arm® Mbed™刚发行了最新版本 Arm® Mbed™操作系统 5.7，这个版本与之前的 Mbed 操作系统 3.0 和 2.0 相比，有很多变化。本书主要基于 Arm® Mbed™操作系统 5.7，关于该新操作系统的更多详情可参考 Arm® Mbed™文档网站（https://os.mbed.com/docs）。

我非常喜欢运用 Arm® Mbed™开发板，希望你们也能喜欢。

本书结构

本书旨在教授学生如何运用 Arm® Mbed™开发板设计和开发嵌入式系统以及物联网应用。本书分为四个部分。

第一部分：Arm® Mbed™和物联网（第 1 ～ 3 章），介绍嵌入式系统、微控制器和微处理器、Arm® 架构和 Arm® Mbed™系统。同时对物联网进行了介绍，包括物联网应用和物联网驱动技术。

第二部分：Arm® Mbed™开发（第 4 ～ 10 章），介绍如何入门 Arm® Mbed™开发，以及

如何进行模拟输入 / 输出、数字输入 / 输出、通信接口、调试、在线库和项目管理。

第三部分：物联网入门工具包和物联网应用（第 11 ~ 12 章），介绍 Arm® Mbed ™以太物联网入门工具包和物联网应用实例。

第四部分：附录，包括附录 A（示例代码）、附录 B（HiveMQ MQTT 代理）、附录 C（树莓派 Node-RED）、附录 D（字符串和数组运算）和附录 E（常用在线资源）。

读者对象

本书适合嵌入式系统开发工程师、电子工程专业本科生或研究生，以及电子爱好者阅读。读者需知晓一些基本的计算机运行原理，并能够很好地使用计算机，如打开电脑、登录、运行一些程序和从 USB 存储器与计算机上双向拷贝文件。

读者需曾接触过一些电子器械，如电路试验板、电线、电阻器、电源和 LED。读者还需有一些编程经验（最好是 C/C++，不过其他语言也可以），了解基本的语法、不同类型的变量、条件选择、循环和子程序。若还拥有一些关于微控制器的知识和经验更好，不过这不是必需的。

最后，读者需了解一些关于计算机网络和互联网的基本概念，如理解 IP 地址和端口号码的概念，知道如何找到一台计算机的 IP 地址，能够使用一些常用的互联网服务，如万维网、邮箱、下载 / 上传文件、在线音频、在线视频，甚至一些云服务。

本书既可用作核心教材，也可用作背景阅读材料。

建议先读材料

电子学

Electronics All-in-One for Dummies, 2nd edition, Doug Lowe, ISBN: 978-1-119-32079-1, March 2017.

C/C++ 编程：

Beginning Programming with C for Dummies, Dan Gookin, ISBN: 978-1-118-73763-7, November 2013.

C++ *Primer*, 5th edition, Stanley B. Lippman, Josée Lajoie, Barbara E. Moo, Addison Wesley, ISBN: 978-0-321-71411-4, August 2012.

计算机网络和互联网：

Computing Fundamentals: Digital Literacy Edition, Faithe Wempen with Rosemary Hattersley, Richard Millett, Kate Shoup, ISBN: 978-1-118-97474-2, August 2014.

Understanding Data Communications: From Fundamentals to Networking, 3rd edition, Gilbert Held, ISBN: 978-0-471-62745-6, October 2000.

关于所需设备

学习本书，你需要准备：

❏ Arm® Mbed ™以太物联网入门工具包

- NXP FRDM-K64F 开发板
- Mbed 应用板

❏ 带跨接线的电路试验板

❏ 各种传感器

❏ 数字或模拟示波器（可选）

❏ NXP LPC1768 开发板及其应用板（可选）

❏ 树莓派（http://www.raspberrypi.org/）（可选）

❏ Java JDK 软件（http://www.oracle.com/technetwork/java/javase/downloads/index.html）

❏ Python 软件（http://www.python.org/downloads/）（可选）

致谢

诚挚地感谢 Wiley 出版社给我这次机会，也感谢 Ella Mitchell 的坚持和耐心，使得本书得以面世。

配套示例

本书示例代码见华章图书官网 http://www.hzbook.com。

Part 1 | 第一部分

Arm® Mbed ™和物联网

第 1 章 |Chapter 1|

Arm® Mbed ™

学而时习之，不亦说乎？

——孔子

1.1 什么是嵌入式系统

嵌入式系统是一个微型计算机系统，是一个机器或大型电子 / 机械系统的一部分，通常被设计为执行特定任务，而且是一个实时系统。之所以命名为"嵌入式"是因为计算机系统是嵌入在一个硬件设备中的。嵌入式系统的重要性在于，它被越来越多地应用于许多日用品中，如数字手表、相机、微波炉、洗衣机、热水器、冰箱、智能电视和汽车等。嵌入式系统通常体积小、成本低且能耗低。

图 1-1 是一个典型的嵌入式系统示意图，包含微控制器（MCU）、输入设备、输出设备和通信接口。

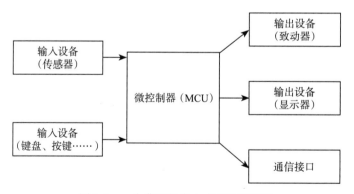

图 1-1　一个典型的嵌入式系统示意图

微控制器

微控制器是嵌入式系统的大脑，协调所有的操作。微控制器是一个拥有内存和所有输入 / 输出外围设备的计算机处理器。下一部分将详细阐明更多关于微控制器的内容。

输入

嵌入式系统通过其输入和输出与外部世界沟通。输入包括数字输入和模拟输入，通常从传感器（温度传感器、光传感器、超声传感器等）或其他输入设备（键盘、按键等）上读取数据。

输出

输出也包括数字输出和模拟输出，通常用于显示屏、驱动电机或其他设备（致动器）。

通信接口

嵌入式系统通过通信接口与其他设备进行通信，包括以太网、USB、CAN 总线、红外线、ZigBee、无线 WiFi 和蓝牙等。

1.2　微控制器和微处理器

嵌入式系统的核心是微控制器。尽管也有建在微处理器（MPU）上的嵌入式系统，但现在的嵌入式系统大部分都是基于微控制器的。一个典型的微控制器包含一个中央处理器（CPU）、中断、计时器/计数器、存储器及其他外围设备，全部构建在单个集成电路上。微控制器是一台真正的片上计算机或片上系统。它可以完美地用于控制应用程序，因为只需极少的附加电路系统，你就可以用它构建一个嵌入式系统。

微控制器有别于微处理器。微处理器是单集成电路，只有一个中央处理器，要使它工作起来，还需外部存储器和其他外围设备。图 1-2 显示了微处理器和微控制器的主要区别。微处理器就是单集成电路上的一个中央处理器，而微控制器是一台有中央处理器、内存和其他外围设备的微型计算机。

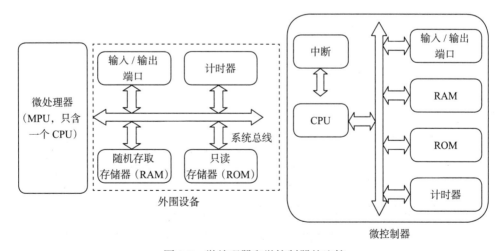

图 1-2　微处理器和微控制器的比较

微处理器主要用于通用系统，如个人计算机。它拥有相对较高的计算性能，可执行大量任务，还有相对较高千兆赫的时钟频率，功耗较高，常需外部冷却系统。

微控制器用于控制应用程序，常用在嵌入式系统上。它拥有相对较低的计算性能，可执行单个或少数任务；还有相对较低兆赫兹的时钟频率，功耗较低，无须冷却系统。

图 1-3 是微控制器的详细示意图，包含以下主要组件。

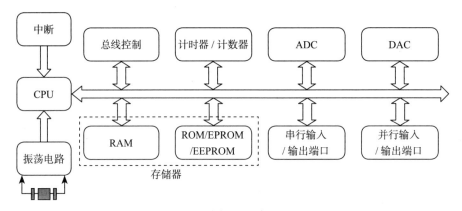

图 1-3　微控制器的详细示意图

CPU

CPU 常被称为处理器或中央处理器，它是微控制器的大脑。详情可参见图 1-4。它包含三个主要组件：算术逻辑单元（ALU）、控制单元和寄存器。算术逻辑单元执行运算和逻辑操作，寄存器为算术逻辑单元提供运算对象并存储其操作结果，控制单元控制整体操作，并与算术逻辑单元和寄存器进行通信。CPU 的操作周期分为取指、译码和执行。

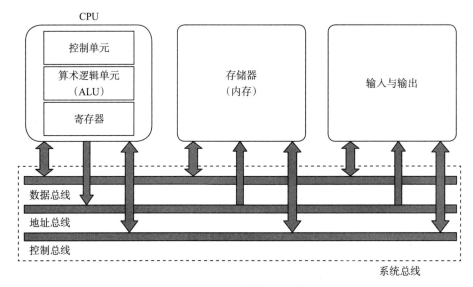

图 1-4　CPU 的详细示意图

CPU 通过系统总线与内存、输入/输出等外围设备进行通信，系统总线包括数据总线、地址总线和控制总线。数据总线的作用是传输信息，地址总线的作用是决定信息发送的目的地，控制总线的作用是决定操作程序。地址总线是单向的，从 CPU 到外围设备，而数据总线和控制总线是双向的。

根据所执行的指令集，CPU 可分为不同的类型。指令集也被称为指令集结构（ISA），是 CPU 可执行的一套基本操作。主要分为复杂指令集计算机（CISC）和精简指令集计算机（RISC）。CISC CPU 有大型指令集（300 或更多）和更复杂的硬件，以及更紧凑的软件代码，执行每次指令需花费更多的周期，只需少量内存，无须存储中间结果。RISC CPU 有较小的指令集（100 或更少）和更简单的硬件，但有更复杂的软件代码，执行每次指令只需一个周期，需占用更多内存来处理中间结果。典型的 CISC CPU 实例有 AMD 和 Intel x86，主要用于个人计算机、智能终端和服务器，因为它们擅长更复杂的任务。典型的 RISC CPU 实例有 Atmel AVR、PIC 和 Arm®，主要用于微控制器，因为其功耗较低。

存储器

微控制器使用存储器存储程序和数据，分为内部存储器和外部存储器两种类型。内部存储器规格较小但速度很快。对于内部存储器不够用的应用程序，就需要用外部存储器。传统意义上，有两种类型的外部存储器，随机存取存储器（RAM）和只读存储器（ROM）。RAM 可实现随机存取，可对 RAM 进行读取和写入，当电源关闭时 RAM 不能保留数据。ROM 是只可读取的存储器，只能读取数据，不能写入数据，即使电源关闭也不会丢失数据，可永久地存储程序和数据。

但是，现在出现了一些新型存储器，如电可擦只读存储器（EEPROM）和非易失性随机存储器（NVRAM），它们既可读取也可写入，而且电源关闭时也不会丢失数据。闪存就是非易失性随机存储器的最佳实例，它具有密度高、成本低、速度快、电可编程的特点。闪存被广泛应用于包含嵌入式操作系统和应用程序的嵌入式系统。

并行输入/输出端口

并行输入/输出端口有多个引线（或管脚）并列运行，之所以称为并行是因为多个信号可同时输入。并行输入/输出端口主要用于驱动/连接 LCD、LED、打印机、存储器等各种设备到微控制器。并行端口传输数据的速度比串行端口更快，但由于干扰和噪声的原因，只适用于短距离通信。

串行输入/输出端口

串行输入/输出端口使用单根数据线进行数据传输，因此串行端口比并行端口速度慢很多。但是串行端口有更高的带宽，可用于长距离通信。通用非同步收发传输器（UART）是一个在嵌入式系统中广泛应用的串行输入/输出端口，它用一根电线接收数据（Rx），用另一根电线传输数据（Tx）。

计时器/计数器

计时器和计数器都是微控制器的有效功能，有些微控制器有不止一个计时器和计数器，计时器和计数器提供微控制器内的所有计时和计数功能，包括时钟功能、调节、脉冲发生、频率测量和振荡。

模数转换器（ADC）

ADC 将模拟信号转换为数字信号，主要用于读取传感器的电压输出。ADC 有 8 位、10 位、12 位、16 位、24 位，甚至 32 位。位数越高，转换分辨率越高。ADC 的带宽（也称可测量的频宽）由其采样率决定。根据奈奎斯特采样定理，ADC 可测量的最高频率低于采样率的一半。Mbed 开发板的 ADC 采样率通常是几百千兆级。

数模转换器（DAC）

DAC 将数字信号转换为模拟信号，通常用于控制模拟设备，如扬声器、直流电机和各种驱动。

中断控制

中断是微控制器应用中最重要且最强大的特征之一，用于中止一个正在运行的程序，既可以是硬件中断（外部，由中断引脚引起），也可以是软件中断（内部，编程时使用中断指令）。

重启

重启是所有微控制器都具备的一项重要功能，它能确保微控制器回到原始状态，这在程序运行出错时尤其重要。

监视器

监视器（Watchdog）是一个电子硬件，被广泛用于嵌入式系统，自动检测软件故障并重启处理器。监视器一般从某个初始值倒数到零，嵌入式软件选择计数器的初始值并周期性地重启，如果计数器在软件重启前已到达零，即认为该软件存在故障，处理器将被重启。

1.3　ARM® 处理器架构

ARM®（Advanced RISC Machine）架构是基于精简指令集计算（RISC）的计算机处理器体系结构，最初于 20 世纪 80 年代由位于英国剑桥的 Acorn Computers 公司开发。ARM® 最初代表 Acorn RISC Machine。第一台 ARM 处理器用于 BBC 微型计算机。20 世纪 80 年代，晚期 Acorn 公司开始与苹果计算机公司和 VLSI Technology 公司合作。1990 年，Acorn 公司将其设计团队独立为一个新的公司，起名为 Advanced RISC Machine（ARM®）有限公司，随后又改名为 ARM® 股份有限公司，于 1998 年在伦敦证券交易所和纳斯达克上市，并于 1999 年成为伦敦金融时报指数 100 的成员之一。

自 2007 年被用于苹果手机和平板电脑后，ARM® 处理器越来越流行，目前已被广泛应用于智能手机、平板电脑和智能电视。截至 2014 年，ARM® 处理器的产量已超过 500 亿台。2016 年 7 月，ARM® 股份有限公司年营业额约 10 亿英镑，由日本 Softbank 公司以 243 亿英镑收购。此次收购被认为是一项对物联网的投资，其中 ARM® 处理器将占据主导地位。

　　目前，ARM® 处理器大致可分为三类：应用、实时和微控制器，如表 1-1 所示。ARM® 应用程序处理器（Cortex-A 系列）是最强大的，性能最优的，主要用于手机、平板电脑、写字板和计算机。ARM® 实时处理器（Cortex-R 系列）具有快速响应最优的特点，主要用于工业、家庭和汽车应用。ARM® 微控制器处理器（Cortex-M 系列）具有体积小和功耗低的特点，主要用于嵌入式系统和物联网应用。

表 1-1　ARM® 体系结构分类

应用（Cortex-A）	实时（Cortex-R）	微控制器（Cortex-M）
32 位和 64 位	32 位	32 位
A32、T32 和 A64 指令集	A32 和 T32 指令集	T32 / Thumb® 指令集
虚拟存储系统	受保护存储系统（可选虚拟存储器）	受保护存储系统
支持多种操作系统	优化实时系统	优化微控制器应用

　　图 1-5 列出了 ARM® Cortex-A、Cortex-R、Cortex-M 系列处理器的功能、性能和容量特征。

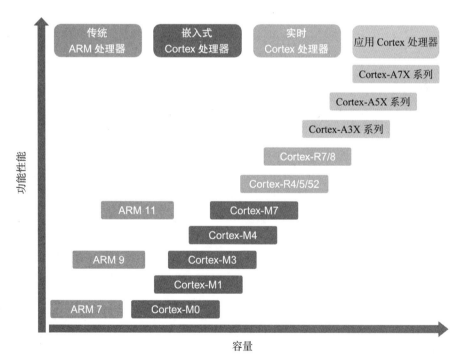

图 1-5　ARM® 处理器的性能和容量（来源：https://www.arm.com/products/processors）

　　表 1-2 展示了 Cortex-M 系列的多种微控制器。Cortex-M0、Cortex-M0+ 和 Cortex-M23 微控制器能耗最低，Cortex-M3、Cortex-M4 和 Cortex-M33 微控制器效率最高，Cortex-M7

微控制器性能最高。本书将只关注 ARM® 微控制器处理器 Cortex-M4 系列。

更多关于 ARM® 处理器架构的信息

https://www.arm.com/products/processors/instruction-set-architectures/index.php

https://en.wikipedia.org/wiki/ARM_architecture

表 1-2　Cortex-M 系列微控制器

最低能耗与面积	性能效率	最高性能
Cortex-M23	Cortex-M33	Cortex-M7
基于 TrustZone 面积最小，能耗最低	基于 TrustZone 具有灵活性，可控制和数字信号处理	性能、控制与数字信号处理最优
Cortex-M0+	Cortex-M4	—
能源利用效率最高	主流控制与数字信号处理	—
Cortex-M0	Cortex-M3	—
价格最低，能耗低	效率高	—
通过 DesignStart 可以自由设计与模拟	—	

图 1-6 列出了 ARM® Cortex-M 系列处理器的特征和功能。

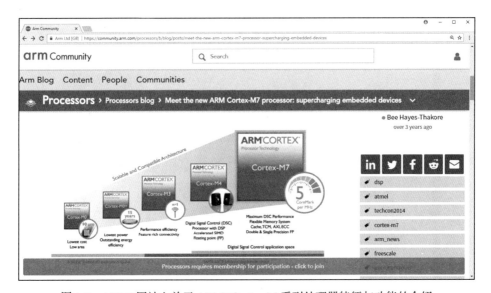

图 1-6　ARM® 网站上关于 ARM® Cortex-M 系列处理器特征与功能的介绍

（来源：https://community.arm.com/processors/b/blog/posts/meet-the-new-arm-cortex-m7-processor-supercharging-embedded-devices）

1.4　Arm® Mbed ™系统

Arm® Mbed ™是一个基于 32 位 ARM® Cortex-M 微控制器的平台和操作系统，由

ARM® 公司及其技术伙伴联合开发，用于物联网设备。它提供操作系统、云服务、工具和开发者生态系统，用以开发和部署物联网解决方案。

　　Arm® Mbed ™系统的主要特征之一是其基于网页的开发环境，只需用一个数据线将设备插入计算机，计算机上将显示一个 USB 存储盘，利用 Arm® Mbed ™在线编译器写入并编译软件代码，将编译的代码下载到设备上，按一下键盘上的重启按键即可运行！

　　Arm® Mbed ™提供开发物联网和嵌入式设备所需的所有东西，它可以支持 100 多个 Mbed 开发板和 400 多个组件，还有用于写入、构建和测试应用的工具及服务器和用户端工具，用于与接入设备进行通信。

　　Mbed 微控制器为有经验的嵌入式开发人员进行概念验证提供了有力且有效的平台。对于尚无 32 位微控制器开发经验的开发人员，Mbed 提供样机研究方案，用户可借用 Mbed 社区共享的库、资源和支持完成项目。

　　图 1-7 和图 1-8 是 Arm® Mbed ™主页和相应的开发者网站。图 1-9 是 Arm® Mbed ™支持的开发板列表，其中有几个开发板值得我们关注。

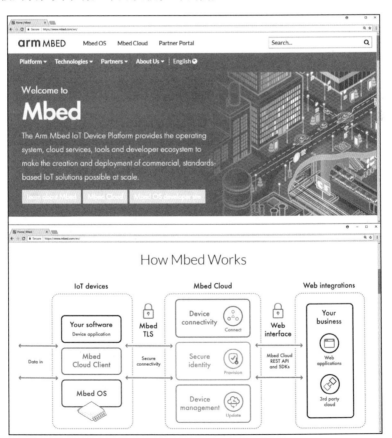

图 1-7　Arm® Mbed ™ 网站（上图）和 Mbed 系统原理图（下图）

图 1-8 Arm® Mbed™开发者网站，以前链接是 https://developer.mbed.org，现改为 https://os.mbed.com

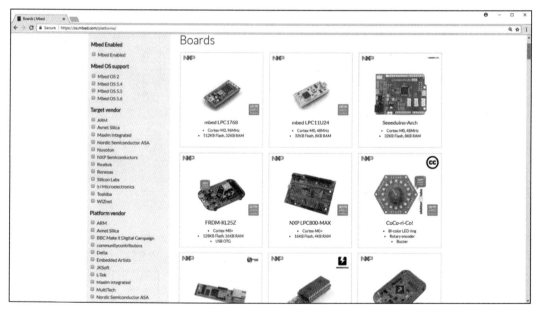

图 1-9 Arm® Mbed™开发板，以前链接是 https://developer.mbed.org/products，现改为 https://os.mbed.com/products

1.4.1 NXP LPC1768

这是最常用的一种开发板，基于 NXP LPC1768 微控制器，32 位 ARM® Cortex-M3 内核，运行速度为 96 MHz，512 KB 闪存，32 KB 内存和若干接口，包括内置以太网、USB 主机和设备、CAN、SPI、I2C、ADC、DAC、PWM 和其他输入 / 输出接口。12 位 ADC 尤其有用。图 1-10 是开发板及其引脚分配，包括常用的接口及其位置。P5-P30 引脚也可用作数字输入和数字输出接口。

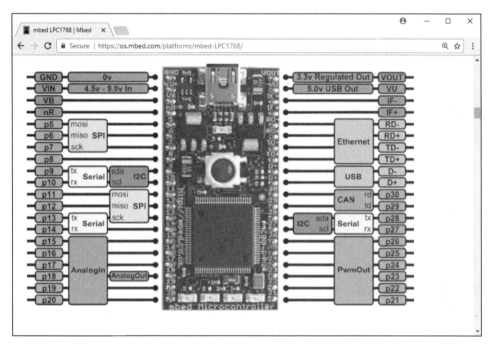

图 1-10　Arm® Mbed ™网站上 NXP LPC1768 开发板及其引脚分配（来源：https://os.mbed.com/platforms/mbed-LPC1768/）

特征

- NXP LPC1768 微控制器
  - 高性能 ARM® Cortex ™ - M3 内核
  - 96 MHz、32 KB 内存、512 KB 闪存
  - 以太网、USB 主机 / 设备、2 个 SPI、2 个 I2C、3 个 UART、CAN、6 个 PWM、6 个 ADC（12 位），通用输入输出接口
- 样机形状系数
  - 40 个引脚、0.1 寸厚、双列直插封装，54 × 26 mm
  - 5V USB 或 4.5V ～ 9V 电源
  - 内置 USB 拖放闪存编辑器
- mbed.org 开发者网站
  - 轻量级在线编译器

　　－ 高水平 C/C++ 软件开发工具包

　　－ 公开代码库和代码工程的指南

还有一个 NXP LPC1768 Mbed 应用板（图 1-11），NXP LPC1768 及其 Mbed 应用板构成一个很好用的工具包。

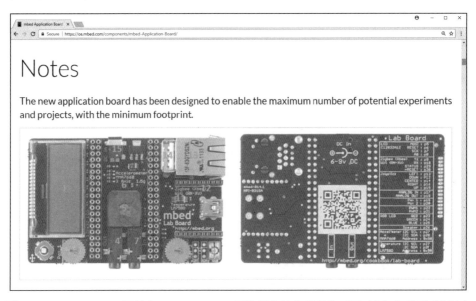

图 1-11　Arm® Mbed ™网站上 NXP LPC1768 开发板上的应用板的正面（左）和背面（右）(来源：https://os.mbed.com/components/mbed-Application-Board/）

特征

- 128×32 图形液晶显示器
- 5 路操纵杆
- 2 个电位计
- 3.5 mm 音频接口（模拟输出）
- 扬声器、PWM 连接
- 3 轴 +/1 1.5g 加速计
- 3.5 mm 音频接口（模拟输入）
- 2 个伺服电机头
- RGB LED、PWM 连接
- USB-mini-B 连接器
- 温度传感器
- Xbee（Zigbee）或 RN-XV（WiFi）插口
- RJ45 以太网连接器

- USB-A 连接器

- 1.3 mm DC 接口输入

更多关于 LPC1768 的信息

https://os.mbed.com/platforms/mbed-LPC1768/

https://os.mbed.com/components/mbed-Application-Board/

http://www.nxp.com/products/microcontrollers-and-processors/arm-processors/lpc-cortex-m-mcus/lpc1700-cortex-m3/arm-mbed-lpc1768-board:OM11043

1.4.2　NXP LPC11U24

　　这是另一种比较有趣的开发板，基于 NXP LPC11U24，32 位 ARM® Cortex-M0 内核，运行速度为 48 MHz，32 KB 闪存，8 KB 内存和若干接口，包括 USB 设备、SPI、I2C、ADC 和其他输入输出接口。图 1-12 是开发板及其打印输出，包括常用的接口及其位置。P5-P30 引脚也可用作数字输入和数字输出接口。

　　与 NXP LPC1768 不同，NXP LPC11U24 速度更慢、性能更低，但它功耗低、价格低，所以主要用于低成本 USB 设备和电动应用程序。

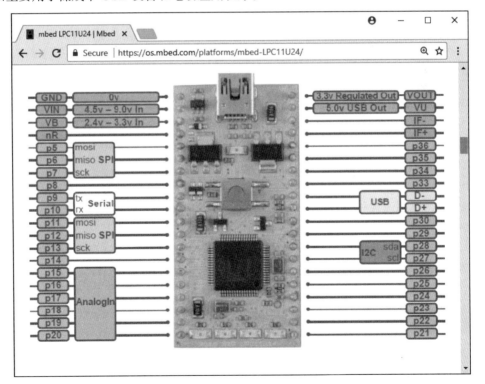

图 1-12　Arm® Mbed ™网站上 NXP LPC11U24 开发板及其引脚分配（来源：https://os.mbed. com/platform/mbed-LPCIIU24）

特征

- NXP LPC11U24 微控制器
- 低功耗 ARM® Cortex ™ - M0 内核
- 48 MHz、8 KB 内存、32 KB 闪存
- USB 设备、2 个 SPI、I2C、UART、6 个 ADC、通用输入输出接口
- 样机形状系数
- 40 个引脚、0.1 寸厚、双列直插封装、54 × 26 mm
- 5V USB，4.5V ～ 9V 电源或 2.4V ～ 3.3V 电池
- 内置 USB 拖放闪存编辑器
- mbed.org 开发者网站
- 轻量级在线编译器
- 高水平 C/C++ 软件开发工具包
- 公开代码库和代码工程的指南

更多关于 LPC11U24 的信息

https://os.mbed.com/platforms/mbed-LPC11U24/

http://www.nxp.com/products/microcontrollers-and-processors/arm-processors/lpc-cortex-m-mcus/lpc1100-cortex-m0-plus-m0/arm-mbed-lpc11u24-board:OM13032

1.4.3 BBC Micro:bit

BBC Micro:bit 是一个袖珍的、可编码的计算机，由 BBC 与 31 个机构联合开发，包括 ARM®、NXP、element14、Microsoft、Cisco 等。图 1-13 是开发板及其打印输出。它使得任何人都可以利用技术变得富有创造力。BBC 为英国所有 7 年级 11 ～ 12 岁的小孩捐赠了一个免费的 Micro:bit。

BBC Micro:bit 基于 Nordic nRF51822 微程序控制器、16 K 内存、256 K 闪存、还有 Freescale 板上的加速计和磁力计。

特征

- 在 BBC 网站（http://www.microbit.co.uk/create-code）可实现在高级在线集成开发环境下编程
  - Microsoft TouchDevelop IDE
  - Microsoft Blocks
  - CodeKingdoms Javascript
  - MicroPython
- Mbed 功能
  - 在线集成开发环境（developer.mbed.org）
  - 方便使用 C/C++ 软件开发工具包

　– 用于快速开发的 Micro:bit 专用运行库（由 Lancaster University 开发）

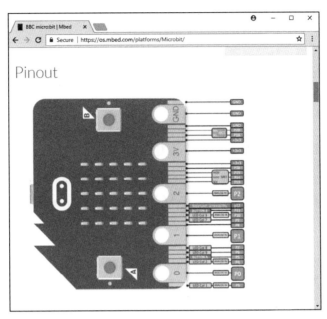

图 1-13　Arm® Mbed ™网站上 BBC Micro:bit 开发板及其引脚分配（来源：https://os.mbed.
　　　　　com/platforms/Microbit/）

- Nordic nRF51822 多协议蓝牙 ®4.0 低功耗 /2.4 GHz 无线射频 SoC
  - 32 位 ARM® Cortex M0 处理器（16 MHZ）
  - 16 KB 内存
  - 256 KB 闪存
  - 蓝牙低功耗主 / 从连接
- 输入 / 输出
  - 25 LED 矩阵
  - Freescale MMA8652 3 轴加速计
  - Freescale MAG3110 3 轴磁力计（电子罗盘）
  - 2 个按键
  - USB 和边缘连接器串行输入 / 输出
  - 2/3 可重构 PWM 输出
  - 5 个 banana/croc-clip 连接器
  - 边缘连接器
  - 6 个模拟输入
  - 6-17 GPIO 通用输入输出（由配置决定）

- SPI
- i2c
- USB Micro B 连接器
- JST 电源连接器（3v）

更多关于 Microsoft:bit 的信息

https://www.microbit.co.uk/
https://os.mbed.com/platforms/Microbit/

1.4.4　Arm® Mbed ™以太物联网入门工具包

Arm® Mbed ™以太物联网入门工具包包含一个 Arm® Mbed ™ FRDM-K64F 开发板和一个 mbed 应用板（图 1-14），由 IBM 物联网基金会设计，旨在为用户提供灵活的体验，用户可以很容易地从开发板的传感器上发送数据到 IBM 云。它尤其适合没有特定嵌入式或网页开发经历的用户，因为它提供了一个学习新理念和创建工作原型的平台。它允许用户通过 IBM BlueMix 平台进入 IBM 云应用，使得部署和设备管理非常简易。用户还可以对入门工具包的硬件进行修改，以便满足个性需求。

图 1-14　Arm® Mbed ™以太物联网入门工具包，包含一个 FRDM-K64F 开发板（左）及其应用板（右）

NXP FRDM-K64F 是新一代开发板，基于 Kinetis K64F 低功耗微控制器，ARM® Cortex®-M4 内核，运行速度高达 120 MHz，1024 KB 嵌入式闪存，256 KB 内存，以及若干外围设备（16 位 ADC、DAC、计时器）和接口（以太网、USB 设备和串行端口）。新型的 Mbed 应用板采用 Arduino 标准开发板，使潜在实验数达到最大，同时与 Mbed 应用板尽可能保持一致。

本书重点关注 Arm® Mbed ™ IBM 以太物联网入门工具包。

Arm® Mbed ™以太物联网工具包包含：

Mbed Enabled NXP K64F 开发板

- NXP K64F Kinetis K64 微控制器（MK64FN1M0VLL12）
- 高性能 ARM® Cortex ™ - M4 内核、浮点运算器、数字信号处理器（DSP）
- 120 MHz、256 KB 内存、1 MB 闪存

Mbed 应用板

- 128 × 32 图形液晶显示器
- 5 路操纵杆
- 2 个电位计
- 扬声器、PWM 连接
- 3 轴 +/1 1.5g 加速计
- RGB LED、PWM 连接
- 温度传感器
- Xbee（Zigbee）或 RN-XV（WiFi）插口

微控制器特征

- 100LQFP Kinetis MK64FN1M0VLL12
- 性能
  - ARM® Cortex ™ - M4、32 位内核、数字信号处理器指令、浮点运算器
  - 120 MHz 最大 CPU 频率
- 存储器和存储接口
  - 1024 KB 程序闪存
  - 256 KB 内存
  - FlexBus 外部总线接口
- 系统外围设备
  - 多种低功耗模式、低泄漏唤醒单元
  - 16 通道 DMA 控制器
- 时钟
  - 3 个内部基准时钟：32 kHz、4 MHz 和 48 MHz
  - 2 个晶振输入：3MHZ ～ 32 MHz (XTAL0) 和 32 kHz (XTAL32/RTC)
  - 锁相环（PLL）和反馈循环（FL）
- 模拟模块
  - 2 个 16 位 SAR ADC，最高 800 ksps（12 位模式）
  - 2 个 12 位 DAC

- 3 个模拟比较器
- 电压基准 1.13V
- 通信接口
  - 1 个 10/100 Mbit/s 以太网多路存储微控制器，MII/RMII 接口 IEEE1588 可连
  - 1 个全 / 低速设备 / 主机 / 一键拷贝（OTG）控制器 USB 2.0 接口，3.3V/120MA 嵌入式稳压电源和 USB 设备非晶体操作
  - 1 个 CAN 模块
  - 3 个 SPI 模块
  - 3 个 I2C 模块，支持最高速度 1 Mbit/s
  - 6 个 UART 模块
  - 1 个安全数字主控制器（SDHC）
  - 1 个 I2S 模块
- 计时器
  - 2 个 8 通道 Flex-Timers（PWM/ 电动机控制）
  - 2 个 2 通道 Flex-Timers（PWM/ 正交译码器）
  - 32 位 PIT 和 16 位低功耗计时器
  - 实时时钟（RTC）
  - 可编程延迟时钟
- 安全性和完整性模块
  - 硬件 CRC 和随机数生成器模块
  - 支持 DES、3DES、AES、MD5、SHA-1 和 SHA-256 算法的硬件加密
- 操作特性
  - 电压范围：1.71V ～ 3.6V
  - 闪存写入电压范围：1.71V ～ 3.6V

开发板特征

- 板级组件
  - FXOS8700CQ-6 轴传感器加速计和磁力计
  - 2 个用户按键
  - RGB LED
- 连接性
  - USB 全速 / 低速一键复制 / 主机 / 设备控制器、片上收发器、3.3V ～ 5V 校准器和微型 USB 连接器
  - 带有板上收发器和 RJ45 连接器的 10/100 M 以太网控制器
  - 可连接多达 5 个 UART、2 个 SPI、2 个 I2C、1 个 CAN（多路复用外围设备）
- 扩展

- Micro SD 卡接口
- 与 Arduino R3 板兼容的接头（32 针 / 外行）
- 专有板接头（32 针 / 内行）
- 模拟和数字输入 / 输出（多路复用外围设备）
- 多达 2 个 ADC、16 位分辨率、28 个模拟输入 / 输出引脚连接到接头
- 多达 3 个计时器，可从接头连接到 18 个 PWM 信号
- 多达 6 个比较器输入或 1 个 DAC 输出
- 多达 40 个微控制器输入 / 输出引脚连接到接头（3.3 V，每个 4 mA，最大 400mA）
- 开发板电源选项（板级 3.3V ～ 5V 校准器）
- USB 调试 5 V
- USB 目标 5 V
- Arduino 接头 5V ～ 9V 输入电压
- 5V PWR 输入
- 纽扣电池 3.3 V
- 集成了开放 SDA USB 调试和编程适配器
- 若干个工业级的标准调试接口（PEmicro、CMSIS-DAP、JLink）
- 拖放 MSD 快速编程
- 虚拟 USB 到串行端口
- 形状系数：3.2" × 2.1" / 81 mm × 53 mm
- 软件开发工具
- 可用 Mbed HDK & SDK
- 在线开发工具
- 方便使用 C/C++ SDK
- 大量已发表库和项目
- 线下选项 NXP free KDS（编译器工具链）和 KSDK 库 / 示例

供应商网站：http://www.nxp.com/frdm-k64F

图 1-15 是 FRDM-K64F 开发板组件布局和引脚分配，以下是最常用的引脚：

RGB LED　　　　**LED1 (LED_RED), LED2 (LED_GREEN), LED3 (LED_BLUE), LED4 (LED_RED)**

数字输入 / 输出　**D0, D1, D2, …, D15**

模拟输入　　　　**DAC0_OUT**

PWM（脉宽调制）**A4, A5, D3, D5, D6, …, D13**

更多关于 FRDM-K64F 的信息

https://os.mbed.com/platforms/IBMEthernetKit/
https://os.mbed.com/platforms/FRDM-K64F/

https://os.mbed.com/components/mbed-Application-Shield/
http://www.nxp.com/frdm-k64f

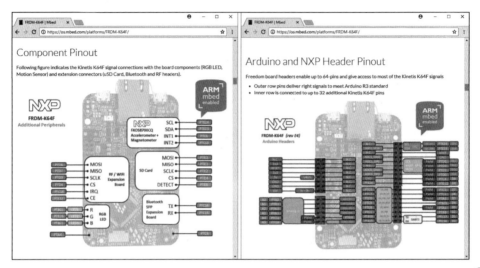

图 1-15   FRDM-K64F 开发板组件布局（左）和 Arm® Mbed ™网站上 Arduino 和 NXP 引脚分配[⊖]

1.5   小结

本章首先解释了嵌入式系统的定义，讨论了微控制器和微处理器的区别，然后介绍了
ARM® 架构和 Arm® Mbed ™系统。

1.6   问题

1. 什么是嵌入式系统？
2. 微控制器和微处理器的区别是什么？
3. CPU 如何工作？
4. 用一个合适的图表描述 ARM® 处理器架构。
5. 什么是 Arm® Mbed ™？描述 Mbed 云服务、客户和 Mbed 操作系统的概念。
6. 列一个表格对 LPC1768 和 FRDM-K64F 的主要特征进行比较。

⊖   特别说明：原书英文版部分图片不甚清晰，导致本书中文翻译版相应图片不甚清晰。——编辑注

物　联　网

天才是 1% 的灵感加 99% 的汗水。

——托马斯·爱迪生

2.1　什么是物联网

物联网是指物物相连的网络，它发展非常快速，已实现无数设备间的连接（图 2-1）。它有别于现在的互联网，互联网主要是计算机之间的网络，包括手机和平板电脑，而物联网中的"物"可以是任何物体，从家用电器、机器、货物、建筑和交通工具到人、动物和植物。通过物联网，所有物体相互连接，无须人为干预即可进行数据交换，人们可远程使用和控制物体。这将彻底改变我们的生活——真正的革命性的改变。

图 2-1　物联网示意图（来源：https://pixabay.com/en/network-iot-internet-of-things-782707）

将各种设备连接在一起已经不是一个新的概念了。1982 年，卡内基梅隆大学的一台可乐机器成为第一个联网的电器，它可以追踪库存和货品冷热。从此，连接性在普适计算、机对机（M2M）通信和设备对设备（D2D）通信等领域得到了极大的扩展。但是物联网（IoT）这个术语是由英国企业家 Kevin Ashton 于 1999 年在向 Procter & Gamble 做的一次报告中提出的，当时他是 MIT 自动识别中心（Auto-ID Center）的联合创始人和执行主任。物联网这个概念是基于无线射频识别（RFID）提出的。由于各项支撑技术的集成，如微控制器、传感器、无线通信、嵌入式系统和微电子机械系统（MEMS），物联网不断发展，近年来越来越流行。

如今，物联网在很大程度上被认为是下一代革命，是互联网的未来。据互联网协会（Internet Society）预估，到 2025 年将有约千亿级物联网设备，全球市值将超过 11 万亿美元。物联网将以指数级增长，正如 20 多年前的互联网一样。

更多关于物联网的信息：

http://internetofthingswiki.com/
http://www.theinternetofthings.eu/
http://www.computerweekly.com/resources/Internet-of-Things-IoT
http://www.ibm.com/Watson/IoT
https://www.microsoft.com/en-gb/internet-of-things/
http://www.cisco.com/c/en_uk/solutions/internet-of-things/overview.html

2.2 物联网如何运行

物联网运行需要以下几个步骤：

第一，物联网上的每个"物"必须有一个独一无二的身份。由于 IPv6 使 128 位下一代网址可以提供 2^{128} 个不同地址，即每平方米 6.7×10^{23} 个地址，我们可以为星球上的每个实物分配一个独特的 ID。

第二，每个"物"必须能够通信。有许多现代无线技术可以实现通信，如 WiFi、蓝牙低功耗、近场通信（NFC）、无线射频识别（RFID），以及 ZigBee、Z-Wave 和 6LoWPAN（基于低功率无线个人区域网络的 IPv6）等。

第三，每个"物"必须有传感器，我们才能获取关于它的信息。传感器可以是温度、湿度、光线、动作、压力、红外线、超声传感器等。新型传感器越来越小、便宜而且耐用。

第四，每个"物"必须有一个微控制器（或微处理器），管理传感器和通信，并执行任务。有许多微控制器可以用于物联网，但是 ARM® 微控制器无疑是最有影响力的一种。本书主要关注 Arm® Mbed ™微控制器。

第五，还需要云服务来存储、分析和显示数据，我们才能够看到实时状态并通过手机 App 采取行动。已经有很多大公司提供了云服务，如 IBM Watson、谷歌 Cloud Platform、微软 Azure 和 Oracle Cloud 等。Arm® Mbed ™ 也在开发自己的云（http://cloud.mbed.com/），但是直到撰写本书之前，它只发行了第一版，只可用于一些主要的企业伙伴。

2.3 物联网如何改变我们的生活

物联网将从根本上改变我们的生活方式以及与世界沟通的方式。

我们都曾有"我的钥匙哪里去了"的经历，而在物联网世界，我们可能不再需要钥匙了！我们的手机就是钥匙，我们自己就是钥匙。我们可以用手机开门，或用生物特征如指纹、掌纹、手掌静脉、虹膜、视网膜、面部和声音等信息开门。举个例子，正如寓言故事"阿里巴巴和四十大盗"，你可以通过说一句"芝麻开门"打开你家的门。但这次不同，只有你和你的家人可以打开门，其他人则不能，因为声音识别技术可以识别你和你家人的独特的声音。

物联网也可以让我们的家变得更智能，而且这已经在发生，如智能锁、智能仪表、智能恒温器、智能照明灯、智能电网和智能车等。图 2-2 是智能电表和智能恒温器。智能家居能在早晨叫醒你，当你还在淋浴的时候就启动咖啡机。你正要进房间时灯就打开，你一离开灯马上就关掉，作为一个有两个青少年孩子的父亲，这会让我免于在孩子们离开房间后频繁上下楼关灯。你还可以通过声音指令开关电视和切换频道。它还可以感应到你走进家，然后调节恒温器甚至预热烤箱。随着人工智能的发展，分析或学习你的生活模式也成为可能，例如当你在家时打开加热器或空调，当你离开时关闭加热器或空调。这对于公共建筑来说更有意义，如办公室、剧院、医院和博物馆，公共设施费用是月度支出的一大部分。

图 2-2　Landis 智能电表（左）和 Nest 智能恒温器（右）

我父亲和岳父都患有中风，被禁锢在床上无法活动。如果我们能够有可戴的或植入式传感器，可以每周 7 天、每天 24 小时不间断地监测心率、血压、体温、体重指数（BMI），甚至血糖水平或胆固醇水平，岂不是很美好？这样我们就可以在中风发生前预测并预防它。或许我们还可以通过运用大数据分析和机器学习预测其他一些致命性的疾病，如癌症，这样我们在早期就可以接受治疗，从而大大减少住院的需求。我们可以活得更健康、更长寿。

世界上有很多人有食物过敏或不耐受，常见的易致过敏的食物有牛奶、鸡蛋、花生、贝壳、坚果、大豆和小麦。这使得日常购买食物成为一项令人却步的任务。你必须仔细阅读字体很小的说明，看这个产品是否包含你想避免的成分。当然，这也会发生变化。你的手机或任何其他设备将告诉你哪种食物产品适合你，这也将帮助正在节食的人和有特殊营养需求的人，如运动员。食物采购完后，无须结账，你走出超市的瞬间，你所购买的东西会自动结账，并直接从你的信用卡里扣款，收据会发送到你的邮箱或手机。想象一下，你可以省去排队结账的时间，尤其是高峰期，无须再等待。如果你不喜欢你买的某件东西，或者就是单纯地改变了主意，你可以简单地把它归还到指定区域，这些货物会被自动检测，如果没问题，将会给你退款。无须问答，无须签名，我喜欢！

霸凌是许多学校存在的一个严重的问题。在无数场合，受害者、受害者父母感到很无力，因为他们既无法阻止也无法拿出证据。有了物联网，这一切将彻底改变。受害者可以戴上传感器，它可以在云存储器上自动记录声音、视频以及其他信息，报警信息可以发送给家长和学校，学校可以因此立即了解准确位置、时间、涉事人员和事件的经过，据此学校可以对施害者予以快速公平的处理。常识告诉我们，如果你知道你的所作所为肯定会被发现，你可能压根就不会那样做。这样，霸凌将成为过去！

这也适用于犯罪。许多重犯都是从小罪犯起的，他们犯罪常常是因为他们以为可以逃脱，在犯了一系列轻微小罪并成功逃脱后，他们开始犯更严重的罪，这样的恶性循环一直持续到某天他们被警察抓捕入狱。出狱后，背负着犯罪前科，他们很难找到任何有尊严的工作。因此，他们中的很多人会再度走上犯罪的道路，恶性循环以此往复。如果我们可以使用物联网技术，在轻微犯罪阶段就阻止他们，正如校园霸凌事例中所述，他们可能就不会走入严重犯罪阶段。所以，乌托邦——来自如此多的国家如此多的人为之奋斗这么久这么努力的理想国或许可以通过技术革命实现！想象一下吧！

但是，正如生活中许多其他事情一样，物联网当然也不是毫无争议的。关于物联网，也有很多顾虑，首先是安全和隐私问题。如果你可以远程遥控你家里的电器，其他人也有可能可以远程遥控它们。已经有很多关于黑客攻击摄像头、仪表、家用电器、手机和车等的报道。因此，安全性应该成为任何物联网发展的首要问题。

隐私是另一个顾虑。我们的无数信息会被暴露在网络上，如姓名、出生日期、性别、地址、电话号码、信用卡、我们做的事情、我们买的东西等，谁拥有这些信息？谁可以得到这些信息？你真的想让每个人都知道你在哪和你在做什么吗？小学生们愿意戴上一个电线让我们听到他们所有的对话吗（不太可能！）？你真的想让每个人知道你在跟谁打电话和你们的谈话内容？你想让你的整个生活都被数字化记录下来，就为了一个极小的能发现犯罪的可能吗？隐私权是最重要的人权之一，没有人想生活在一个独裁者国家。因此，整个社会都必须有所行动，确保实现一个平衡，即无辜守法的公民享有隐私权，而警察拥有足够的信息打击犯罪和防止恐袭。

2.4 物联网应用前景

2.4.1 家居

智能家居有可能成为最广泛的物联网应用。智能家居，或家庭自动化是建筑自动化的延伸，我们可以用以监测和控制暖通空调（HVAC）、照明、电器和安全系统。将所有的家用电器连接起来，我们可以实现许多日常工作的自动化，例如自动开关照明和加热，烹饪和洗衣，等等。有了智能电网和智能仪表，我们可以降低能耗，节省开支。有了安全系统，我们可以通过使用如红外线、动作、声音、振动传感器以及报警系统进行自动探测，甚至制止入侵，使家变得更加安全。

智能家居还可以让老年人和残疾人在家更舒适和安全。通过物联网，我们可以收集和分析他们的数据，诊断疾病，预测潜在风险，鉴定或预防如跌倒、远程开关门窗，以及家人可以远程监视等。通过物联网，还可以使老年人和残疾人与外界实现更多联系，降低孤独感。

据 2017 年 7 月《 Markets and Markets 》（参见 marketsandmarkets.com，2017 年 7 月，报告号：SE 3172 ）报告预估，到 2023 年家居市场的市值将超过 1370 亿美元。

2.4.2　医疗

物联网实现了远程健康监测和急诊通知系统，最流行的方式是通过可佩戴式技术。这些可佩戴设备可以收集一系列健康数据，包括心率、体温和血压等，这些数据可无线传输到一个远程地址进行存储和分析。这也使得远程医疗成为可能，如远程诊断或治疗。

2.4.3　交通

物联网极大地改善了交通系统。所有的车辆都连接在一起，使得行程规划、躲避拥堵、寻找车位和减少交通事故变得更简单。无人驾驶车辆无疑会产生最大的影响。许多大公司，如特斯拉、谷歌、优步、沃尔沃、大众、奥迪和通用汽车等，正在积极地开发和推进无人车。无人驾驶车将让我们的旅途更享受，也可能更安全。考驾照也将成为历史！

物联网也有益于改善公共交通。将火车站和机场的所有信息栏和广告栏都连接在一起，有利于乘客获取信息更新，若遇到事故，还可以快速检测事故原因，同时减少维修费用。通过提高端到端可视度、仓库管理和车队管理，物联网也将为物流行业带来益处。

2.4.4　能源

通过集成传感器和致动器，极有可能降低所有耗能设备的能耗。物联网也将使电力工业设施变得现代化，提高其效率和产量。

2.4.5　制造

物联网在工业中的应用常被称为工业 4.0 或第四次工业革命（图 2-3 ）。第一次工业革命始于 18 世纪，蒸汽机促进了工业生产。第二次工业革命始于 19 世纪早期，电力推动了大规模生产。第三次工业革命，也叫数字革命，始于 20 世纪 50 年代，电子和信息技术实现了生产自动化。工业 4.0 基于物联信息系统，将机器、软件、传感器、网络和用户紧密集成在一起，创造智慧工厂。机器可以运用自动优化、自动配置和人工智能完成复杂任务，极大程度地为产品或服务降低成本、提高质量。

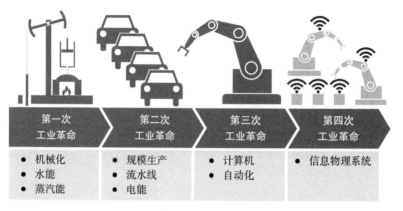

图 2-3　四次工业革命（来源：https://commons.wikimedia.org/wiki/Category:Industry_4.0#/media/File: Industry _4.0png）

2.4.6　环境

通过部署环境传感器，我们可以更加有效地测量和监测空气质量、水质、土壤环境、辐射和有害化学物质，还可以更好地预测地震和海啸，更快地侦察森林火灾、雪崩、山体滑坡，所有这些将帮助人类更好地保护环境。通过标注野生动物，尤其是濒临灭绝的物种，我们可以更好地研究和理解动物的行为方式，从而为动物提供更好的保护和更安全的栖所。物联网也将实现智慧农业，可全天候观察土壤和农作物健康，帮助农民最优化地使用肥料和植物保护产品，这无疑会对环境产生积极的影响。

2.5　小结

本章介绍了物联网的概念，阐述了物联网如何运行以及物联网将如何改变我们的生活方式，还介绍了物联网的应用前景。

2.6　问题

1. 什么是物联网？
2. 物联网如何运行？
3. 物联网有哪些应用前景？
4. 什么是工业 4.0 ？

物联网驱动技术

告诉我，我很快就会忘记；给我讲解，我就会记住；让我参与，我就能真正学会。

——本杰明·富兰克林

3.1 传感器和致动器

传感器是一种将物理参数转换为电子输出的设备，是一种变送器，可分为模拟传感器和电子传感器。模拟传感器以电压和电流的形式输出信息。微控制器需要模数转换器（ADC），从模拟传感器上读取数据。许多新型传感器都是电子传感器，即用内部集成电路（I2C）、串行外部接口（SPI）、通用非同步收发传输器（UART）等协议以数字形式输出信息。数字传感器非常适用于嵌入式系统，因为它绕过了对模数转换器的需求，使电路变得更简单，例如温度传感器、湿度传感器、压力传感器、烟雾传感器、声音和光线传感器等。

致动器是一种将电子信号转换为物理输出的设备，如动作。它可以通过电压或电流、气压或水压、甚或人力进行控制。在嵌入式系统中，致动器主要由电力控制。当接收到控制信号时，致动器将电能转换为机械运动，可以是直线运动、转动或振动，例如电动机、压电致动器、气压致动器、步进电机和门锁致动器等。

3.2 通信

除了常规的通信技术如以太网、WiFi 和蓝牙外，还有很多其他技术可用于物联网通信。

3.2.1 无线射频识别（RFID）和近场通信（NFC）

RFID 是一种使用无线射频电磁波识别和追踪特定物体标签的技术，一个典型的 RFID 系统包括标签、阅读器和天线。阅读器通过天线将一个讯问信号发送给标签，标签以特定信息作为回应。RFID 标签可以是主动的，也可以是被动的，主动的 RFID 标签本身拥有电源，可以在较远的距离内被读取（长达 100 米），被动的 RFID 标签本身没有电源，需从 RFID 阅读器发出的电磁场中获取能量，因此只可以在较短的距离内被读取（小于 25 米）。RFID 的主要操作频率范围如表 3-1 所示。

表 3-1　无线射频识别频段

频段	通信距离	传输速度	标签
低频率（LF）：125～134.2 kHz	10 m	低速	被动
高频率（HF）：13.56 MHz	10 cm～1 m	低速到中速	被动
超高频率（UHF）：433 MHz	1m～100 m	中速	被动或主动
超高频率（UHF）：856 MHz～960 MHz	1m～12 m	中速到高速	被动或主动
微波：2.45～5.8 GHz	1m～2 m	高速	主动
微波：3.1～10 GHz	<200 m	高速	主动

　　NFC 是一种工作频率（13.56 MHz）和高频 RFID 一样的通信技术，与 RFID 不同的是，NFC 基于端对端通信，意味着 NFC 设备可以是一个阅读器，也可以是一个标签，这种独特的特征使得 NFC 成为非接触支付、ID 卡和旅行卡等的一种应用广泛的选择。通常，NFC 设备的通信距离在 4cm 内，目前它在许多新型的智能手机上都可以应用。NFC 智能手机可用于非接触支付，以及通过将两台设备连接起来，将信息（联系方式或图片）从一台智能手机传输到另一台智能手机上。

　　https://en.wikipedia.org/wiki/Near_field_communication

　　https://en.wikipedia.org/wiki/Radio-frequency_identification

3.2.2　蓝牙低功耗（BLE）

　　BLE 是蓝牙家族的新成员，它基于蓝牙 4.0 标准，与传统蓝牙相似，仍在 2.4 GHz ISM 频段下运行，但使用一种更简单的调制模式。除非连接被启动，否则 BLE 一直处于休眠模式，因此更节能。BLE 在 2011 年上市，称为蓝牙智能。在维持相似的通信距离的基础上，BLE 更加节能和节省成本，通常通信距离可达约 100 米，数据速率约 1 Mbits/s。

　　以下是 BLE 的一些典型应用：

- 心率监测器
- 血压监测器
- 血糖监测器
- 类纤维装置
- 工业检测传感器
- 基于地域有针对性的推广（iBeacon）
- 近距感测

　　https://www.bluetooth.com/

3.2.3　可见光通信（LiFi）

　　LiFi 是一种基于快速调制可见光的新颖的无线双向高速通信技术，是一种可见光通信（VLC）系统。与 WiFi 相似，LiFi 使用电磁波传输数据，但它使用的不是无限波

（MHz～GHz），而是可见光（～THz），它使用家用 LED 灯作为发送器。通过在超高速下改变 LED 灯的电流，数据可以被编码为亮度速变，然后被一个光监测装置（光电二极管）收集，这些速变快到难以被肉眼识别。因此，LiFi 不会影响 LED 灯的主要功能——照明。LiFi 在设施方面有巨大优势，因为 LED 灯在建筑、道路和交通工具上的应用越来越多，它的速度很惊人，可高达每秒 224 千兆比特，而且对电磁干扰不敏感。LiFi 不能穿透墙壁，意味着它只能在短距离内运行，但同时这也使得不易被黑客攻击。市场上已经有可以同时提供照明和连接的产品。

http://purelifi.com/

3.2.4　6LowPAN

6LowPAN 是指基于低功率无线个人区域网络（WPAN）的 IPv6，是一种基于 IEEE 802.15.4 标准的低功率、低数据速率的无线网状网络，使用 IPv6 作为通信协议。与其他本地区域网络相比，6LowPAN 有其独特的优势，即基于 TCP/IP 开放标准，包括传输控制协议（TCP）、用户数据报协议（UDP）、超文本传输协议（HTTP）、受限应用层协议（CoAP）、消息队列遥测传输（MQTT）和 Websocket 等。它有端对端 IPv6 可寻址节点，可方便地直接连接到互联网。由于是网格路由，它还可以自行修复。6LowPAN 可用于无线传感网络、照明和仪表。

https://datatracker.ietf.org/wg/6lowpan/charter/

3.2.5　ZigBee

ZigBee 是一种高端通信技术，用于低功率、低数据速率的个人区域网络，如传感网络、家居自动化和医疗设备。它基于 IEEE 802.15.4 标准，传输范围在 10～100m 视线内，它在工科医用（ISM）无线电频段下运行，即欧洲 868 MHz、美国和澳大利亚 915 MHz、中国 784 MHz 和其他地区 2.4 GHz。ZigBee 的数据速率范围为 20 kbps（868 MHz 频段）到 250 kbps（2.4 GHz 频段）。ZigBee 通常比蓝牙或 WiFi 等其他无线网络便宜，已应用于无线照明开关、电子仪表（智能电网、需求响应等）和工业设备监测等。

那么 ZigBee 和 6LoWPAN 的区别是什么呢？ZigBee 已存在许久，比 6LoWPAN 应用得更为广泛，无疑仍旧是目前最流行的低成本、低功率无线网状网络标准。不过 6LoWPAN 也紧追其后，而且越来越有吸引力，因为它基于 IP，特别是 IPv6 的支撑，这使其与互联网其他部分的连接更简便。目前，许多半导体公司（如德州仪器、飞思卡尔和爱特梅尔等）正在制造同时支持 ZigBee 和 6LoWPAN 的 802.15.4 芯片。

http://www.zigbee.org/

3.2.6　Z-Wave

Z-Wave 是一种无线通信技术，主要用于家居自动化，如控制和自动化照明和电器。

它可用作一个安全系统或远程监控和控制你的财产。Z-Wave 在未颁布的 ISM 频段下运行，即欧洲 868.42 MHz、美国和加拿大 908.42 MHz 和其他地区其他频段。它可以在约 100m 的范围内提供可靠的低延时传输，数据速率可达 100 kbit/s。Z-Wave 网络通常包含一个主要的控制器和一系列设备（多达 232 个）。

http://www.z-wave.com/

3.2.7 LoRa

LoRa 是一种远距离通信技术，用于电池供电的物联网设备的低功率、远距离通信，即低功耗广域网（LPWAN），它支持数以百万计的设备间网络的安全双向通信。

https://www.lora-alliance.org/

表 3-2 是不同无线通信技术的简单比较，LiFi 和 WiFi 的数据速率最高，蜂窝和 LoRa 可传输距离最远。

表 3-2 不同通信技术的比较

	标准	频率	传输距离	数据速率
LiFi	类似于 802.11	400THz ～ 800 THz	<10 m	<224 Gbps
WiFi	802.11a/b/g/n/ac	2.4 GHz 和 5 GHz	～ 50 m	<1 Gbps
Cellular	GSM/GPRS/EDGE(2G)、UMTS/HSPA(3G)、LTE (4G)、5G	900、1800、1900 和 2100 MHz 2.3、2.6、5.25、26.4 和 58.68 GHz	<200 km	<500 kps (2G) <2 Mbps (3G) <10 Mbps (4G) <100 Mbps (5G)
蓝牙	Bluetooth 4.2	2.4 GHz	50m ～ 150 m	1 Mbps
RFID/NFC	ISO/IEC 18000-3	13.56 MHz	10 cm	100kbps ～ 420 kbps
6LowPAN	RFC6282	2.4 GHz 和 ～ 1 GHz	<20 m	20kbps ～ 250 kbps
ZigBee	基于 IEEE802.15.4 的 ZigBee 3.0	2.4 GHz	10m ～ 100 m	250 kbps
Z - Wave	Z - Wave Alliance ZAD12837 / ITU - T G.9959	868.42 MHz 和 908.42 MHz	<100 m	<100 kbps
LoRa	LoRaWAN	868 MHz 和 915 MHz	<15 km	0.3kbps ～ 50kbps

3.3 协议

协议或通信协议是允许设备进行相互通信的一套规则，它定义通信的句法、语义和同步。协议的近义词是人类语言。有许多可用于物联网应用的通信协议，以下是一些常用的协议：超文本传输协议（HTTP）、WebSocket 和消息队列遥测传输（MQTT）。

3.3.1 超文本传输协议

超文本传输协议（HTTP）是万维网（WWW）的通信协议，基于客户端服务器架构，

以请求 – 响应模式运行（图 3-1）。HTTP 使用传输控制协议（TCP）提供可靠连接。HTTP 是无状态的，因为客户端和服务器在通信时不保持连接。目前的版本是 HTTP/1.1，前一个版本是 HTTP/1.0，更新的版本 HTTP/2 即将到来，它有许多新的特征，如服务器推送技术，最小化客户请求数并提高速度。

图 3-1　HTTP 协议

以下是 HTTP 请求信息示例：

```
GET /index.html HTTP/1.1
Host: www.mbed.com
Connection: keep-alive
User-agent: Mozilla/4.0
Accept-language: en
```

以下是 HTTP 响应信息示例：

```
HTTP/1.1 200 OK
Server: nginx/1.7.10
Date: Sun, 12 Feb 2017 12:21:57 GMT
Content-Type: text/html
Content-Length: 185
Connection: close
Location: https://www.mbed.com/

<html>
<head><title>… …</title></head>
<body>
… …
</body>
</html>
```

3.3.2　WebSocket

WebSocket 是一种用于网页浏览器和网页服务器的通信协议，但与 HTTP 不同，WebSocket 在单个 TCP 连接下提供全双工传输通信。WebSocket 是有状态的，因为客户端和服务器在通信时保持连接。WebSocket 使浏览器和网页服务器可以进行更多交互，实现了实时数据转换和信息流。至今，WebSocket 已应用在所有主要的网页浏览器，如 Firefox 6、Safari 6、Google Chrome 14、Opera 12.10 和 Internet Explorer 10。

以下是 WebSocket 请求信息示例：

```
GET ws://websocket.test.com/ HTTP/1.1
Host: websocket.test.com
Upgrade: websocket
Connection: Upgrade
Origin: http://test.com
```

以下是 WebSocket 响应信息示例：

```
HTTP/1.1 101 WebSocket Protocol Handshake
Date: Mon, 16 Jan 2017 16:54:12 GMT
Connection: Upgrade
Upgrade: WebSocket
```

更多关于 WebSocket 的信息

https://www.websocket.org/

3.3.3　消息队列遥测传输

消息队列遥测传输（MQTT）是由 IBM 开发的用于物联网设备的一种轻量级机对机通信协议，它基于发布者 – 订阅者模式，由发布者发布数据到服务器（也称为代理），订阅者向服务器订阅并从服务器接收数据。MQTT 代理负责在云端某个地方分配信息，如图 3-2 所示。

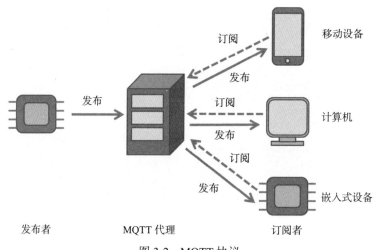

图 3-2　MQTT 协议

对于物联网设备，MQTT 比 HTTP 和 WebSocket 有更多优势，因为它们需要服务器持续运行，需要更强的计算能力、更多带宽和能耗。它们也不是专为物联网设备而设计的，而响应时间、吞吐率、低电池用量、低带宽是主要设计标准。MQTT 为"轻量级"消息传送协议，更快的响应和吞吐率以及更低的电池和带宽用量而设计。

尽管 MQTT 代理也需要持续运行，但物联网设备（发布者和订阅者）是轻量级的。

MQTT 也允许优先处理信息，如服务质量（QoS）：

0：客户端 / 服务器将发送一次信息，无须确认。

1：客户端 / 服务器将发送至少一次信息，无须确认。

2：客户端 / 服务器将通过信息交换只发送一次信息。

更多关于 MQTT 的信息

http://mqtt.org/

http://www.hivemq.com/resources/getting-started/

http://www.hivemq.com/plugin/mqtt-message-log/

http://www.hivemq.com/blog/hivemq-mqtt-websockets-support-message-log-plugin-2-min

http://www.hivemq.com/plugin/file-authentication/

http://www.hivemq.com/demos/websocket-client/

3.3.4 受限应用层协议

受限应用层协议（CoAP）是一种用于受限物联网设备的特殊应用层协议，即只有有限计算能力、能耗和网络连接等的设备。与 HTTP 相似，它基于请求和响应信息，但使用用户数据报协议（UDP），而非传输控制协议（TCP）。尽管 UDP 不提供可靠传输，但更简单，开销更小，所以速度更快。CoAP 用于机对机应用，如智能能源和家居 / 建筑自动化。

更多关于 CoAP 的信息

http://coap.technology/

https://tools.ietf.org/html/rfc7252

3.3.5 可扩展消息处理现场协议

可扩展消息处理现场协议（XMPP）是一种基于可扩展标记语言（XML）的开放标准、实时通信协议，可提供广泛的服务，包括即时通信、在线状态和协作。它是分散的，有安全特征，而且可扩展，即它可以增长且可以适应变化。XMPP 软件包括服务器、客户端和库。

更多关于 XMPP 的信息

https://xmpp.org/

3.4 Node-RED

Node-RED 是由 IBM 开发的基于网页的开源软件工具，可连接互联网上的硬件设备。图 3-3 是 Node-RED 主页。例如，用 Node-RED，你可以将 Mbed 开发板连接到互联网，读取传感器数值，将它显示在图表、网页、邮件或 Twitter 信息上。你还可以发回指令到开发板并执行特定控制。它是基于图形的编程工具，使用称为节点的功能块构建程序。你要做的只是连接并配置这些节点。这使许多编程任务变得极其简单和易于实现。图 3-4 是一个在 Node-RED 上实现的基于 WebSocket 的简单聊天程序。

Node-RED 是一个用于物联网项目的非常好的工具，它使用 JavaScript 创建功能，允许用户使用 JS 对象简谱（JSON）输入和输出程序，JSON 是一种基于 JavaScript 语言的轻量级数据交换开放格式。

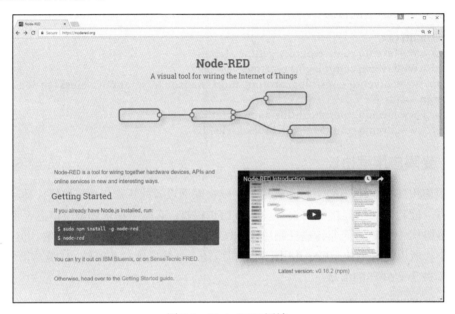

图 3-3 Node-RED 网站

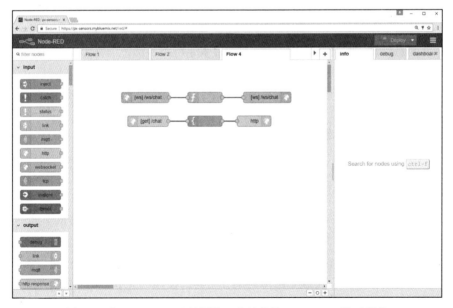

图 3-4 在 Node-RED 上编写的一个简单的 WebSocket 聊天程序

有许多种使用 Node-RED 的方法，最简单的是从 IBM Watson 物联网平台——Bluemix

上使用 Node-RED，如图 3-5 所示。更多详情将在第 12 章中讲述。

或者，你也可以在树莓派上使用 Node-RED，更多详情请参考附录 C。

更多关于 Node-RED 的信息

https://nodered.org/
https://flows.nodered.org/
https://nodered.org/docs/getting-started/first-flow

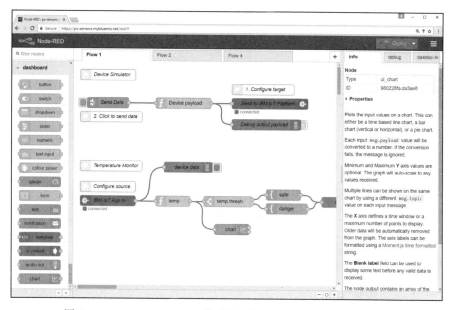

图 3-5　Arm® Mbed™ IBM 物联网入门工具包的 Node-RED 程序

3.5　平台

物联网平台将传感器和数据网络连接起来，并与后端应用集成，为使用后端应用来理解数以百计的传感器产生的过剩数据提供参考。在物联网平台可以连接和监测设备和传感器，展示和分析传感器数据，控制设备并为设备开发软件应用。以下是一些常用的物联网平台。

3.5.1　IBM Watson 物联网——Bluemix

IBM Watson 是基于云的计算机系统，结合人工智能和优化性能复杂分析软件作为问答机器，它也支持物联网应用。IBM Watson 物联网平台 Bluemix（http://www.ibm.com/internet-of-things/）允许用户快速构建物联网应用，而且可以简单安全地连接物联网设备。图 3-6 是 IBM Watson 网站上的 IBM Watson 物联网平台示意图。特定设备的软件开发包可用于嵌入式 C 语言、JavaScript、Python、iOS、安卓和 Arduino Yún，本书所讲的 Arm®

Mbed™ FRDM-K64F 开发包可很方便地连接到 IBM Watson 物联网平台。IBM Watson 物联网平台还能为语境化和分析实时物联网数据提供实时参考。

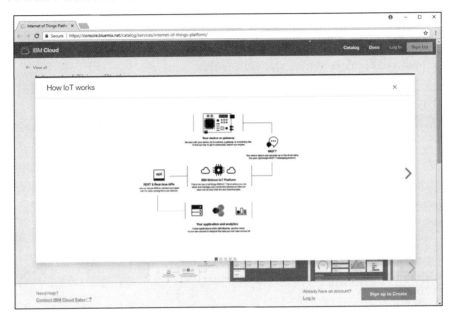

图 3-6 IBM 网站上的 IBM Watson 物联网平台示意图（来源：https://console.ng.bluemix.net/catalog/services/internet-of-things-platform/）

3.5.2 Eclipse 物联网

这是由 Eclipse Foundation 开发的一个开源系统，Eclipse 物联网（https://iot.eclipse.org/）提供构建物联网设备、网关和云平台所需的技术。图 3-7 是相应的三个软件栈。Eclipse 物联网提供物联网标准和协议的开源实现，用于物联网解决方案的开源架构和服务，以及物联网开发人员使用的工具。

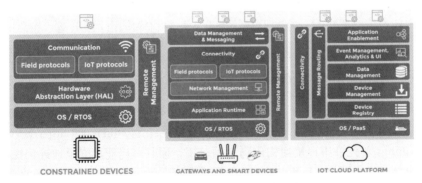

图 3-7 用于受限设备、网关和云平台 Eclipse 物联网平台软件集（来源：https://iot.eclipse.org/devices/）

3.5.3　AWS 物联网

亚马逊 AWS 物联网平台（https://aws.amazon.com/iot）提供物联网设备和 AWS 之间的安全通信，它支持 HTTP、WebSockets 和 MQTT。图 3-8 是亚马逊网站上的亚马逊 AWS 物联网平台示意图。它的规则引擎可通过嵌入式 Kibana 集成传输信息到 AWS 末端，包括 AWS Lambda、Amazon Kinesis、Amazon S3、Amazon Machine Learning、Amazon DynamoDB、Amazon CloudWatch 和 Amazon Elasticsearch Service。它也可以为每台设备创建一个持久的虚拟版本或"影子"，包括每台设备的最新状态，这样即使设备脱机时，用户也可与它们进行交互。

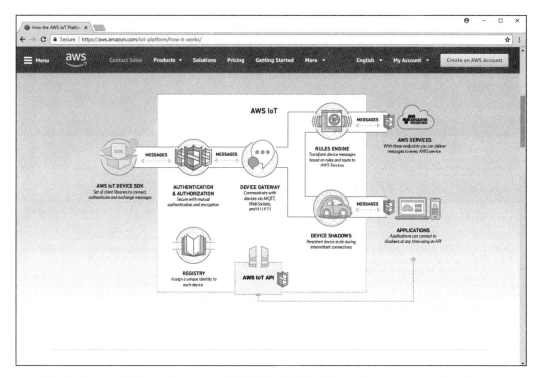

图 3-8　Amazon 网站上的 Amazon AWS 物联网平台（https://aws.amazon.com/iot-platform/how-it-works/）

3.5.4　微软 Azure 物联网套件

微软 Azure 物联网套件（https://azure.microsoft.com/en-us/suites）可以很方便地与系统和应用进行集成，包括 Salesforce、SAP、Oracle Database 和 Microsoft Dynamics。它将 Azure 物联网服务和前置解决方案打包在一起。它支持 HTTP、高级消息队列协议（AMQP）和 MQTT，还有一套设备软件开发包，可用于 .NET、JavaScript、Java、C 和

Python 等语言。图 3-9 是微软 Azure 物联网解决方案架构示意图。

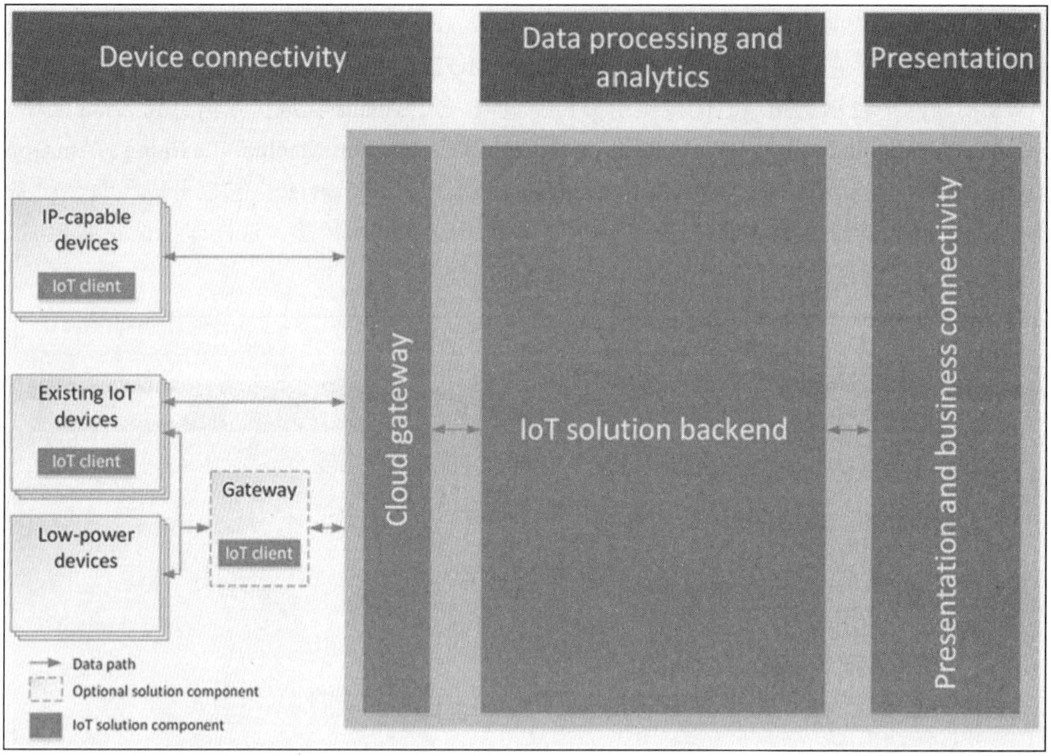

图 3-9　微软 Azure 物联网解决方案架构示意图（来源：https://docs.microsoft.com/en-us/azure/
iot-hub-what-is-azure-iot）

3.5.5　谷歌云物联网

谷歌云物联网（https://cloud.google.com/solutions/iot）利用谷歌网页规模处理、分析和机器智能的传统优势，使用谷歌全球光纤网络（跨越 33 个国家 70 个存在点）实现超低延迟。软件库可用于 Go、Java（安卓）、.NET、JavaScript、Objective-C（iOS）、PHP、Python 和 Ruby 等语言。图 3-10 是谷歌云物联网平台示意图。

3.5.6　ThingWorx

ThingWorx（https://www.thingworx.com/）是一个完整的物联网开发平台，它可以实现强大的企业物联网解决方案。其 Coldlight 软件可提供自动预测分析以及其他物联网分析。它还拥有增强现实集成（Vuforia Studio Enterprise）、Edge Microserver 和"始终在线"软件开发包。

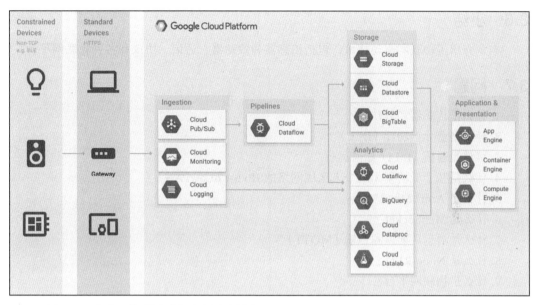

图 3-10　谷歌云物联网平台示意图（来源：https://cloud.google.com/solutions/iot-overview）

3.5.7　GE Predix

GE Predix（https://www.predix.com/）平台支持全球 60 多个规则架构，它基于 Pivotal Cloud Foundry，并提供许多 Predix 服务。

3.5.8　Xively

Xively（https://www.xively.com/）支持使用本地 MQTT 和 WebSockets MQTT 进行的连接，它提供可在设备上使用的 C 客户库，还提供一个将已连接产品集成到 Salesforce 服务云的应用。

3.5.9　macchina.io

macchina.io（https://macchina.io/）是一个开源物联网平台，执行网页可实现的模块化可扩展 JavaScript 和 C++ 运行环境，基于 POCO C++ 库和 V8 JavaScript 引擎，也基于一个强大的插件和服务模型。它将 HTTP(S)、MQTT 客户以及 SQLite 作为其嵌入式数据库。

3.5.10　Carriots

Carriots（https://www.carriots.com/）平台提供 Arduino、树莓派和其他自制硬件平台的集成。它使用其 HTTP RESTful API 来推拉 XML 或 JSON 编码的数据。它部署和扩展微小的原型，甚至数千个设备。

3.6 小结

本章介绍了物联网驱动技术，包括传感器和致动器、通信、协议和各种物联网平台。

3.7 问题

1. 什么是传感器和致动器？
2. 什么是蓝牙低功耗（BLE）？
3. 可见光通信（LiFi）如何运行？
4. 什么是基于低功率无线个人区域网络的 IPv6（6LowPAN）？
5. 什么是 Arm® Mbed ™？
6. 什么是 WebSocket？
7. 什么是消息队列遥测传输（MQTT）？
8. 什么是 Node-RED？
9. 什么是物联网平台？

Arm® Mbed ™开发

第 4 章 |Chapter 4|

Arm® Mbed ™入门

成功就是不断失败，而不丧失热情。

——温斯顿·丘吉尔

4.1 简介

Arm® Mbed ™操作系统（OS）当前是 5.7 版本，如 Arm® Mbed ™文档网站（https://os.mbed.com/docs）（图 4-1）所示，有三种方式启动 Arm® Mbed ™开发。

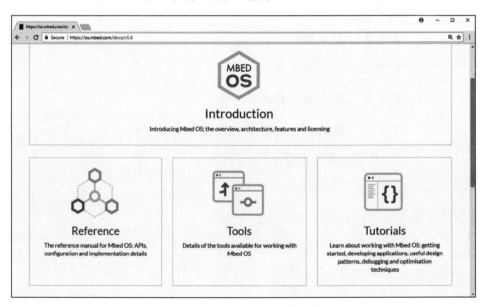

图 4-1　Arm® Mbed ™文档网站

- 在线编译器
- 命令行接口（Mbed CLI）
- 第三方开发环境

最简单快捷的方式是 Arm® Mbed ™在线编译器，如基于网页的编译器（https://os.mbed.com/docs/v5.6/tools/arm-mbed-online-compiler.html），这也是本书所关注的。

关于 Arm® Mbed ™ CLI，你需要下载并安装 Arm® Mbed ™ CLI 软件（https://os.mbed.com/docs/v5.6/tools/mbed-cli.html），需要花一些精力，但优点是可以脱机工作，即无须网络连接！

还有许多第三方开发环境，包括 Keil uVision、DS-5、LPCXpresso、GCC、IAR Systems 和 Kinetic Design Studio。更多详情请参见 https://os.mbed.com/docs/v5.6/tools/exporting.html。

更多信息：

https://os.mbed.com/

https://os.mbed.com/docs/v5.6/tools/index.html

4.2　所需硬件和软件

4.2.1　硬件

开始之前，你需要：

- Arm® Mbed ™以太物联网入门工具包，包括一个 Mbed Freedom FRDM-K64F 开发板和 mbed 应用板。
- 微型 USB 数据线。
- 带有跳线的面包板。

4.2.2　软件

当使用在线编译器时，尽管你无须任何软件即可在 Arm® Mbed ™设备上编译并运行软件，但你仍然需要一些软件与设备进行通信。根据计算机的情况，你可能还需要安装串口驱动程序和终端软件。

串口驱动程序

当你连接 Mbed 设备到计算机时，它会显示为一个串口，也称为虚拟串行通信端口。在 Mac 和 Linux 上，会自动出现。但在 Windows 上，则需要安装一个串口驱动程序。

前往 Windows Serial Configuration(https://os.mbed.com/handbook/Windows-serial-configuration) 网站（图 4-2），按照操作指南下载和安装串口驱动程序即可。

终端软件

你也需要安装终端软件，这样你就可以接收和发送数据到 Mbed 设备。前往 Arm® Mbed ™ "Terminals" 网站（https://os.mbed.com/handbook/Terminals）（图 4-3），按照操作指南下载并安装终端软件。

图 4-2　Windows Serial Configuration 网站

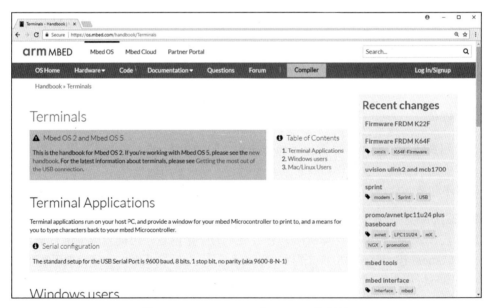

图 4-3　Arm® Mbed ™ "Terminals" 网站

　　这里有几个常用的终端软件。本书大部分示例都是基于微软 Windows 环境下的 Tera Term 终端软件（http://sourceforge.jp/projects/ttssh2/files），因为它可以自动识别 Mbed FRDM-K64F 开发板连接到哪个串口（图 4-4）。

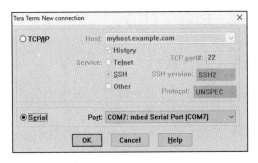

图 4-4 Tera Term 新连接窗口

从"Tera Term"软件菜单"Setup"选择"Serial Port…",然后使用标准设置配置串口：9600 波特、8 位、1 停止位、无分区（9600-8-N-1），见图 4-5（上）。

当你按"Enter"键时，Tera Term 默认只传输"\r"（CR，回车）。最好设置为同时也传输"\n"（NL，换行），然后 Arm® Mbed ™串口读取功能"gets()"一旦接收到"\n"，即应该立即终止。关于串行通信的更多信息请见 7.1 节。

设置传输时，从"Tera Term"软件菜单"Setup"选择"Terminal…"，然后设置"Transmit:"为"CR+NL"，见图 4-5（下）。

其他常用的终端软件

Putty.exe: https://the.earth.li/~sgtatham/putty/latest/w32/putty.exe
Arduino Serial Monitor: https://www.arduino.cc/en/main/software

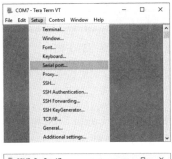
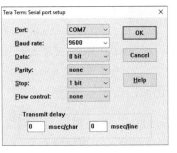

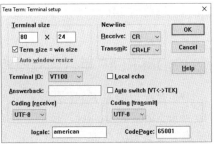

图 4-5 Tera Term 串行端口配置（上）和终端配置（下）

4.3 你的第一个程序：Blinky LED

4.3.1 将 Mbed 连接到一台计算机

将 Arm® Mbed ™ FRDM-K64F 开发板用微型 USB 数据线连接到一台计算机，开发板上有 2 个微型 USB 接口，确保你用的是右边的那个接口，紧邻"Reset"按键（图 4-6）。然后会显示为一个 USB 内存驱动，在这个例子中，它在驱动 G 中。

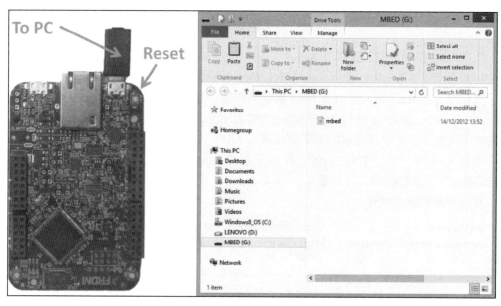

图 4-6　FRDM-K64F 板和 Arm® Mbed ™ USB 驱动（G:）窗口

4.3.2 单击"mbed.htm"登录

双击文件" mbed.htm "——你的网页浏览器将打开一个 Login/Signup 页面（图 4-7）。如果你有账号，可直接登录；如果你没有账号，按照指南注册即可。

或者你也可以前往 Mbed 开发者网站（https://os.mbed.com/），然后单击上面的"Compiler"菜单。

4.3.3 添加 FRDM-K64F 平台到编译器

登录后，你将进入 FRDM-K64F 开发板主页，包含设备的所有信息（图 4-8）。单击右边的" Add to your Mbed Compiler"按键，将 FRDM-K64F 开发板平台添加到编译器，这样你就可以开始为设备写入代码。每个 Arm® Mbed ™开发板都是一个平台，你将需要为不同的 Mbed 开发板添加不同的平台。

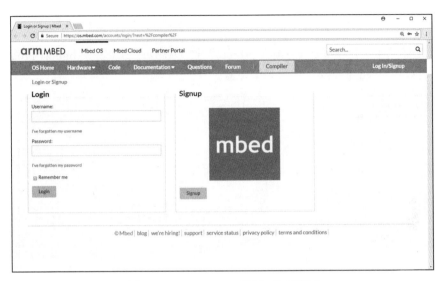

图 4-7　Arm® Mbed ™登录 / 注册窗口

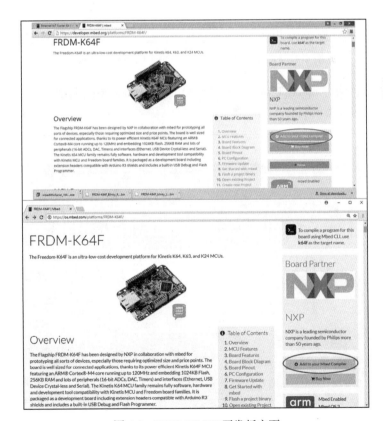

图 4-8　FRDM-K64F 开发板主页

4.3.4　导入一个已有程序

下拉页面，有一个"open existing project"栏（图4-9）。单击"Import Program"按键，输入已有"mbed_blinky"项目到编译器。

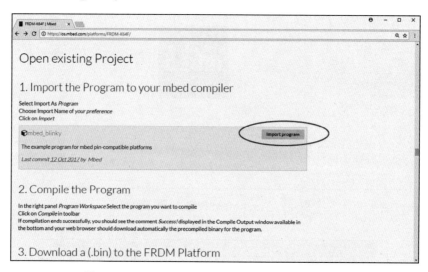

图4-9　FRDM-K64F 开发板主页上的现有公开项目

默认项目名称为"mbed_blinky"（图4-10），但你可以更改名称。单击"Import"按键，将进入在线编译器网页。

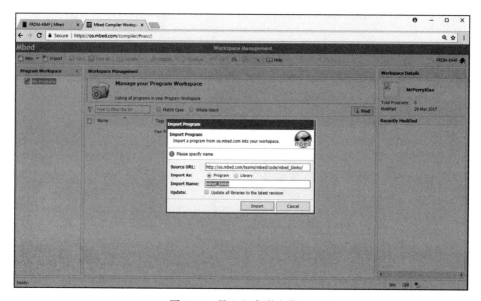

图4-10　导入程序弹出窗口

图 4-11 是在线编译器网页。"main.cpp"是主要的 C++ 文件，定义程序将进行的工作。在这个例子中，"main.cpp"文件首先包含了"mbed.h"头文件，然后定义 LED1 为数字输出。在"main()"函数中，用"loop"循环打开 LED1，等待 0.2 秒，然后关闭 LED1，再等待 0.2 秒。

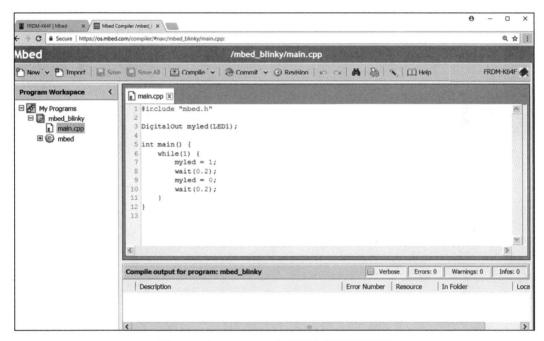

图 4-11　"mbed_blinky"程序在线编译器网页

FRDM-K64D 只有一个 RGB LED，LED1（也称为 LED_RED）这里是指红色 RGB LED。类似地，LED2（或 LED_GREEN）和 LED3（或 LED_BLUE）是指绿色和蓝色。

4.3.5　编译、下载并运行程序

单击"Compile"按键进行编译程序。如果成功，一个名为"mbed_blinky_K64F.bin"将被创建并下载到默认下载文件夹。复制文件到 FRDM-F64K USB 驱动，然后按重置键运行你的程序！现在应该可以看到红色 LED 灯在闪烁！

4.3.6　下载并运行其他已有程序

恭喜！你已经可以成功地运行第一个程序了。下一步，你可以尝试从以下链接中下载并运行其他已有程序：https://os.mbed.com/teams/FRDM-K64F-Code-Share/code/。

你还可以创建自己的程序。

4.4　创建你自己的程序

在在线编译器上，单击"New"按键创建一个新的程序，会弹出一个"Create new program"窗口（图 4-12）。确保你选择了正确的平台（FRDM-K64F）和正确的模板。我 发 现"gpio example for the Freescale freedom platform" 和"mbed OS Blinky LED Helloworld!"是很好的入门模板。你可以很方便地根据需要修改代码。

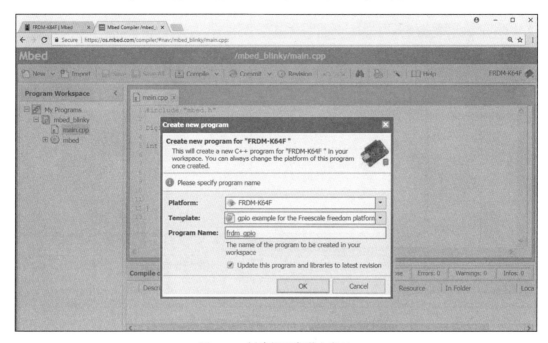

图 4-12　创建新程序弹出窗口

4.5　C/C++ 编程语言

Arm® Mbed™程序使用 C++ 编程语言，它有别于 C 语言，因为 C 语言最初是由 Dennis Ritchie 于 20 世纪 70 年代在美国"AT&T 贝尔实验室"开发的用于 UNIX 操作系统的，C 语言是一种入门级的强大的编程语言，但缺乏很多现代特性。C++ 也是在贝尔实验室由 Bjarne Stroustrup 于 20 世纪 80 年代开发的基于 C 的一种更新的语言。C++ 有很多特性，如存储管理和面向对象编程都更简单。C 语言具备的所有功能 C++ 都有。

4.6　函数与模块化编程

当编写简单的程序时，只需将所有代码放入"int main()"函数，如示例 4.1 所示。但是，当程序变得更长和更复杂时，最好将一些可重复用的代码分开放入函数。函数也称为子程序、程序或方法。利用函数，你可以重复利用代码，使"int main()"函数更简易，从而降低编程的复杂度。

示例　4.1

```
#include "mbed.h"              //include mbed.h header

DigitalOut myled(LED1);        //define LED1 as digital output

int main() {                   //main function
    while(1) {                 // while loop
        myled = 1;             //switch LED1 off
        wait(0.2);             //wait 0.2 seconds
        myled = 0;             //switch LED1 on
        wait(0.2);             // wait 0.2 seconds
    }
}
```

示例 4.2 与示例 4.1 完全相同，但使用了名为"void flashled(double t)"的函数实现 LED 每 t 秒闪烁。

示例　4.2

```
#include "mbed.h"

DigitalOut myled(LED1);

void flashled(double t) {
    myled = 1;
    wait(t);
    myled = 0;
    wait(t);
}
int main() {
    while(1) {
        flashled(0.2);
    }
}
```

你也可以将"void flashled(double t)"函数放在"int main()"函数之后，如示例 4.3 所示。在这种情况下，你需要从最开始就在"int main()"函数前定义函数。函数定义声明称为原型。

示例　4.3

```
#include "mbed.h"

DigitalOut myled(LED1);

void flashled(double t);

int main() {
    while(1) {
        flashled(0.2);
```

```
        }
    }
void flashled(double t) {
        myled = 1;
        wait(t);
        myled = 0;
        wait(t);
}
```

练习 4.1

添加一个额外输入变量到"void flashled(double t)"函数，变为"void flashled(int n, double t)"，根据输入值 n，不同的 LED 闪烁。

对于大项目，你也可以将代码分开放入不同的文件，这称为模块化编程。示例 4.4 ~ 4.6 将 LED 闪烁函数分别放入"flashled.cpp"和"flashled.h"文件，如图 4-13 所示。你可以从在线编译器上右击程序并选择"New File…"以添加一个新文件。头文件，即"*.h"文件主要用于定义，如编译指令、变量声明和函数原型。"cpp"文件用于实现函数。在这个例子中，头文件"flashled.h"用于将多个文件结合在一起。

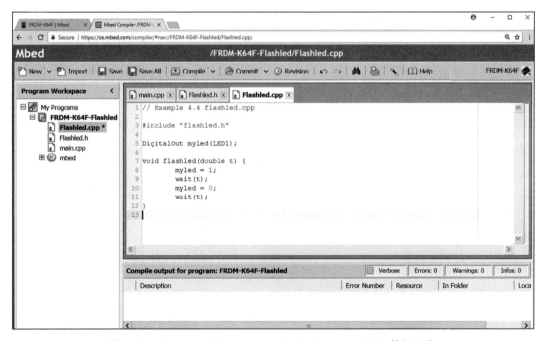

图 4-13 "main.cpp""flashled.cpp"和"flashled.h"文件的程序

示例 4.4 main.cpp

```
#include "flashled.h"

int main() {
    while(1) {
        flashled(0.2);
    }
}
```

示例 4.5 flashled.h

```
#ifndef FLASHLED_H
#define FLASHLED_H

#include "mbed.h"
void flashled(double t);

#endif
```

示例 4.6 flashled.cpp

```
#include "flashled.h"

DigitalOut myled(LED1);

void flashled(double t) {
        myled = 1;
        wait(t);
        myled = 0;
        wait(t);
}
```

练习 4.2

添加一个额外变量到"void flashled(double t)"函数,变为"void flashled(int n, double t)",根据输入值 n,不同的 LED 闪烁。

更多关于函数与模块化编程的信息

https://os.mbed.com/media/uploads/robt/mbed_course_notes_-_modular_design.pdf

4.7 管理平台

在在线编译器上,你可以双击右上角的平台图标选择平台,从弹出的窗口(图 4-14)上可以获取 FRDM-K64F 开发板及其引脚分配的全部技术细节。你也可以选择一个不同的平台或添加更多平台。

但是要删除一个平台,你需要回到 Arm® Mbed™开发板网页并单击页面左边的"Remove"按键(图 4-15)。

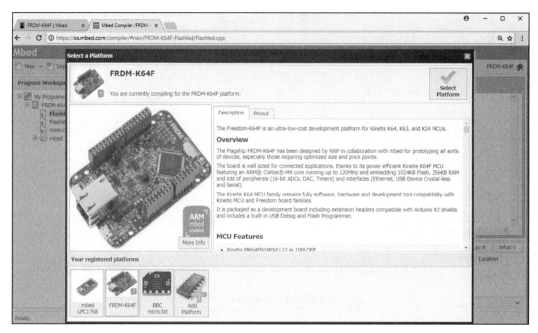

图 4-14   Arm® Mbed ™管理平台弹出窗口

图 4-15   FRDM-K64F 开发板主页上的删除平台

4.8　复制你的程序

如果你想基于现有程序创建一个新程序，你可以复制你的程序，即复制已有程序。只需选择你想要复制的程序，右击显示弹出菜单并选择"Clone…"（图 4-16），然后选择你想要保存的所复制程序的新名称，如图 4-17 所示。

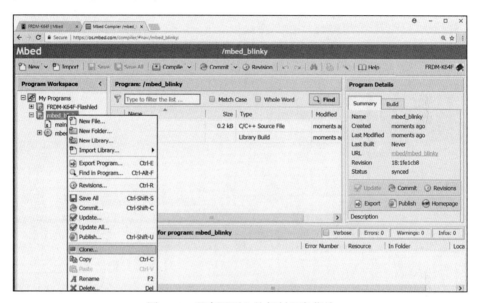

图 4-16　程序网页上的复制程序菜单

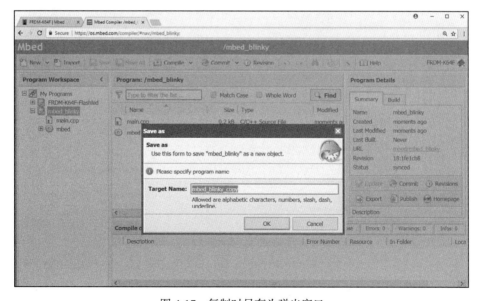

图 4-17　复制时另存为弹出窗口

4.9 搜索和替换

你可以单击"Find"按键或按"CTRL+F"键,在程序中进行搜索,然后会出现搜索和替换工具条(图 4-18),你可以在当前文件中进行搜索和替换。右边的"Advanced"按键允许你在项目文件夹中搜索所有文件(图 4-19)。

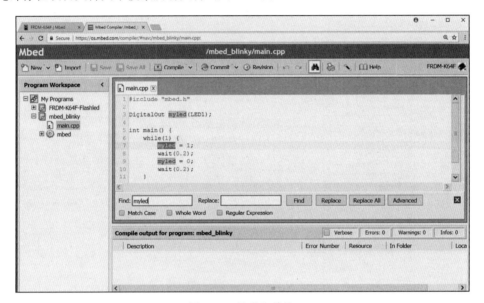

图 4-18 搜索和替换

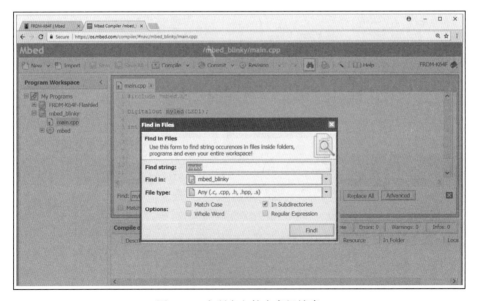

图 4-19 在所有文件中高级搜索

4.10　编译可在多平台运行的程序

尽管本书主要关注 FRDM-K64F 开发板，大部分代码与其他平台也是兼容的，如 NXP LPC1768。你需要做的就是将特定平台的代码放入"**#if defined() #elif defined()**"结构中，见示例 4.7。

示例　4.7

```
#include "mbed.h"

#if defined(TARGET_K64F)
   //FRDM-K64F 在此编写代码

#elif   defined(TARGET_LPC1768)
   //LPC1768 在此编写代码

#elif defined(TARGET_LPC4330_M4)
   //LPC4330 在此编写代码

#endif


int main() {
    while(1) {
        //公共代码
    }
}
```

平台限定代码主要与引脚设置有关。表 4-1 是 FRDM-K64F 和 LPC1768 板的引脚对比。当编译程序时，你只需确保选择正确的平台。更多详情将在后面的章节讲述。

表 4-1　FRDM-K64F 和 LPC1768 板的引脚对比

	FRDM-K64F	LPC 1768
LED	LED1 (LED_RED)	LED1
	LED2(LED_GREEN)	LED2
	LED3 (LED_BLUE)	LED3
	LED4 (LED_RED)	LED4
Digital inputs/outputs	D0, D1, D2, ⋯, D15	P5, P6, ⋯, P14
Analog inputs	A0, A1, A2, A3, A4, A5	P15, P16, ⋯, P20
Analog outputs	DAC0_OUT	P18
PWM (pulse width modulation)	A4, A5, D3, D5, D6, ⋯, D13	P21, P22, ⋯, P26
I2C	D14, D15 (SCA, SCL)	P9, P10 (SCA, SCL)
SPI	D11, D12, D13 (MOSI, MISO,SCLK)	P5, P6, P7 (MOSI, MISO,SCLK)
	PTD4 (CS)	P8 (CS)
Serial	D1, D0 (Tx, Rx)	P9, P10 (Tx, Rx)

4.11　删除你的程序

从在线编译器上删除你的程序，只需选择你想要删除的程序，右击鼠标。从右击下拉菜单中，选择"Delete…"（图4-20）。简单！

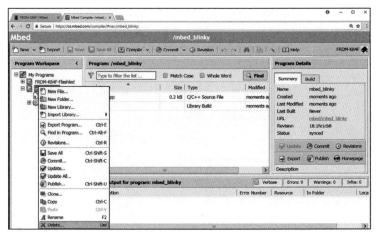

图4-20　程序页上的删除菜单

4.12　灾备流程

万一遇到灾难，如程序出错等，你根本看不到Mbed USB驱动，可通过以下流程恢复：

- 拔出FRDM-K64F板。
- 按下重置键。
- 按下重置键的同时，重新插入FRDM-K64F板。

Mbed USB驱动将再现。持续按下重置键直到新程序被保存到USB驱动。

在最坏的情况下，如果新程序都不能解决问题，你可能需要重载固件。更多详情请见下一小节。

有关于如何处理"死机"的更多详情，请前往https://os.mbed.com/cookbook/deadmbed。

4.13　更新固件

截至撰写本书之前，用于FRDM-K64F的最新固件版本是0226。你可以通过打开出现在Mbed板上的DETAILS.TXT文件或用文本编辑器打开MBED.HTM文件，查看固件版本。

如果你需要更新固件，或只是实现灾难恢复，如上一节所述，以下网页有所有详情。图4-21是该网页截图。

https://os.mbed.com/handbook/Firmware-FRDM-K64F

图 4-21　更新 FRDM-K64F 固件的 Mbed 网页（上）和点开链接到 NXP 固件网页（下）

基本需要两个步骤:

1)进入引导程序模式

你可以通过拔出 FRDM-K64F 板,按住重置键,重新插入板子,放开重置键,从而进入引导程序(Bootloader)模式。你的板子应该已安装在计算机上,作为"Bootloader"驱动(图 4-22)。

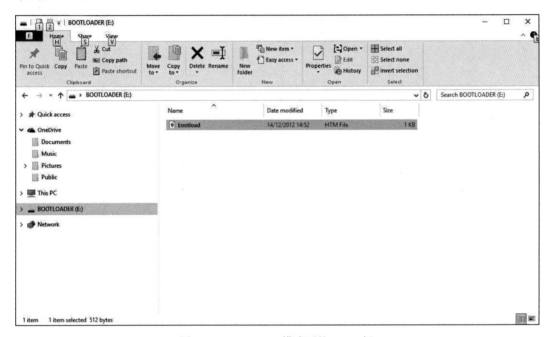

图 4-22 Bootloader 模式下的 Mbed 板

2)下载并更新固件

从网站上下载最新固件,复制粘贴到"Bootloader"驱动。

用于 LPC1768 和 LPC11U24 的最新固件可从以下网址找到:https://os.mbed.com/handbook/Firmware-LPC1768-LPC11U24。

4.14 帮助

从在线编译器上,你可以单击"Help"菜单获取帮助,这里有所有关于如何启动、如何导入程序和库,以及协作、API 文档、公开代码、输出代码和快捷方式等详细信息。

更多关于帮助的信息

https://os.mbed.com/docs

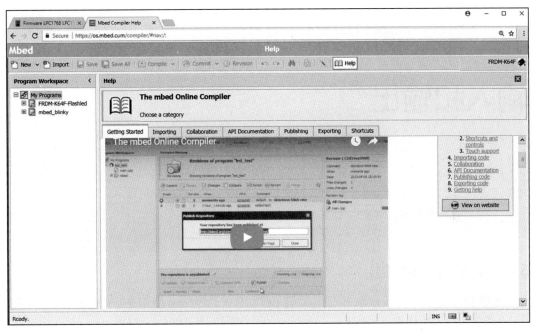

图 4-23　在线帮助窗口

4.15　小结

本章介绍了 Arm® Mbed ™开发所需的硬件和软件，讲述了如何启动 Arm® Mbed ™开发，如何导入并运行你的第一个 LED 闪烁 Hello World 程序，如何创建一个新的项目，如何管理平台，如何复制程序，如何搜索和替换，如何编译可在多平台运行的程序，如何删除程序，如何从灾难中恢复，如何更新固件以及如何获取帮助。

输入和输出

无论你认为你行还是不行，都是对的。

——亨利·福特

5.1　数字输入和输出

数字输入和输出用于读取和写出数值（即 0 和 1）。Mbed 使用 3.3 V 电源轨，0 V 代表 0（或关），3.3 V 代表 1（或开）。

5.1.1　数字输入

将 Mbed FRDM-K64F 开发板连接到计算机，从在线编译器上创建一个新的项目，命名为 "FRDM-K64F_DigitalIn"，将 "main.cpp" 内容更改为如图 5-1 所示。

示例　5.1

```
#include "mbed.h"

DigitalIn    din(D7);

int main(void)
{
    while (1) {
        printf("%d\n\r",din.read());
        wait(0.25);
    }
}
```

"#include"mbed.h"" 行将 Mbed 头文件包含在程序中，提供 Mbed 的所有函数。"DigitalIn din(D7)" 行从 D7 引脚创建一个数字输出并为其关联一个名为 din 的变量。FRDM-K64F 有 16 个数字引脚，从 D0、D1 到 D15。在 "main()" 函数中，"while(1)" 代表无限循环。这是微控制器的典型特征，因为它们需要持续不断地运行。在循环内，"din.read()" 读取数字输入值。因为是数字的，所以值是 1 或 0。"printf()" 打印结果，"%d" 指输出整数变量值，"\n\r" 指输出后跳转到新的一行。

"wait(0.25)"指等待 0.25s。"printf()"默认输出到计算机串行端口，这样有助于你使用终端软件如"Tera Term"查看结果（图 5-2）。下一章将介绍更多关于串行通信的内容。

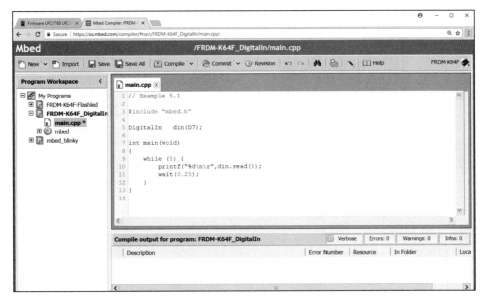

图 5-1　"FRDM-K64F_DigitalIn"程序页

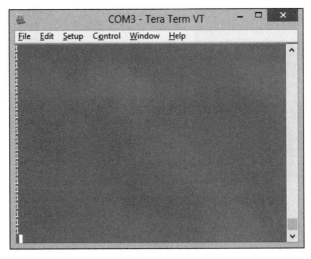

图 5-2　Tera Term 输出

数字输入有利于读取数值，如从 push 按键和 PIR（被动红外）传感器的输出，如图 5-3 所示。

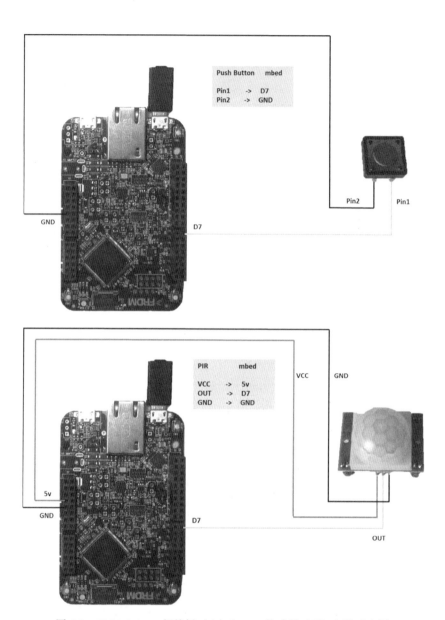

图 5-3 FRDM-K64F 板按键（上）和 PIR 传感器（下）电路示意图

5.1.2 数字输出

对于数字输出，创建另一个新的项目，命名为"FRDM-M64K_DigitalOut"，然后将"main.cpp"按照示例 5-2 进行更改。在这个例子中，"DigitalOut led(LED_BLUE)"行为 RGB LED 蓝色创建了一个数字输出，并为其关联了一个名为 led 的变量。

"led = !led" 指将蓝色 LED 调到其相反状态,如果是开的,调到关,如果是关的,调到开。你也可以将蓝色 LED 变为任一其他数字引脚:D0、D1⋯D15。

示例 5.2

```
#include "mbed.h"

DigitalOut    led(LED_BLUE);

int main(void)
{
    while (1) {
        led = !led;
        wait(0.5f);
    }
}
```

练习 5.1

更改以上程序,使其闪烁莫尔斯码"SOS"。

练习 5.2

FRDM-K64F 有一个 RGB LED,包括一个红色 LED(LED_RED)、一个绿色 LED(LED_GREEN)和一个蓝色 LED(LED_BLUE)。更改以上程序,使红色 LED、绿色 LED 和蓝色 LED 逐个亮灭,每个持续 0.5s。

练习 5.3

通过开关每个红色 LED、绿色 LED 和蓝色 LED,可以创建 $2^3=8$ 个颜色组合。更改以上程序,使其按顺序显示 8 个颜色组合,每个持续 0.25s。

或者你也可以外连一个 LED,如图 5-4 所示,LED 的长线(+)连接到 D7,短线(-)连接到 GND。示例 5.3 是 LED 闪烁的示例代码。

示例 5.3

```
#include "mbed.h"

DigitalOut    led(D7);

int main(void)
{
    while (1) {
        led = !led;
        wait(0.5f);
    }
}
```

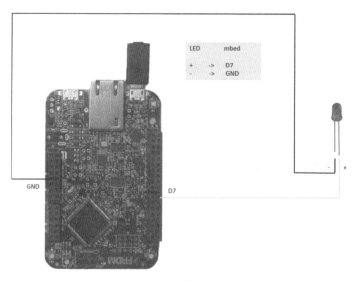

图 5-4　FRDM-K64F 板 LED 电路示意图

练习 5.4

　　基于以上示例，用 3 个 LED，红色、绿色和黄色，如交通灯的模式一样点亮它们。

　　你也可以通过无延迟地开关数字引脚，检查最大数字输出频率，如示例 5.4 所示，D2 引脚为数字输出。可用示波器观察输出变化。

示例　5.4

```
#include "mbed.h"

DigitalOut    dout(D2);

int main(void)
{
    while (true) {
        dout = !dout;
    }
}
```

　　图 5-5 是用 PicoScope 2000 系列数字示波器（https://www.picotech.com/oscilloscope/2000/picoscope-2000-overview）观察到的 D2 引脚数字输出。

　　结果显示数字输出可快达 666.7 Hz。

　　现在你可以连接数字输入和输出，做一些有趣的事。示例 5.5 读取数字引脚 D7，逆向其值（dout=!din;），并作为 D8 引脚输出。"printf()"输出 2 个引脚值到计算机串行端口，由"\t"隔开，如"Tera Term"截屏（图 5-6）所示。"%d"指输出整数，"\n\r"或"\r\n"指输出后插入新行。

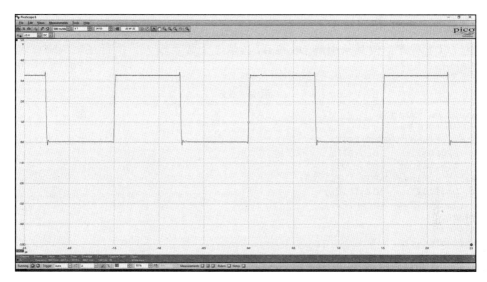

图 5-5　用 PicoScope 观察到的 FRDM-K64F 板的模拟数字输出

示例　5.5

```
#include "mbed.h"

DigitalIn    din(D7);
DigitalOut   dout(D8);

int main(void)
{
    while (1) {
        dout = !din;
        printf("%d \t %d \n\r", din.read(), dout.read());
        wait(0.5f);
    }
}
```

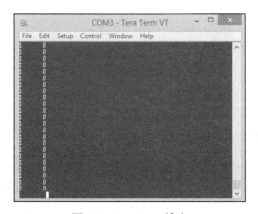

图 5-6　Tera Term 输出

练习 5.5

更改以上程序，使其从引脚 D6 和 D7 读取 2 个数字输入，执行逻辑 AND，设置为 D9 引脚输出。

示例　5.6

```
#include "mbed.h"

#if defined(TARGET_K64F)
   DigitalIn    din(D7);
   DigitalOut   dout(D8);
#elif defined(TARGET_LPC1768)
   DigitalIn    din(P11);
   DigitalOut   dout(P12);
#endif

int main(void)
{
    while (1) {
        dout = !din;
        printf("%d \t %d \n\r", din.read(), dout.read());
        wait(0.5f);
    }
}
```

以上代码均可在 FRDM-K64F 和 LPC1768 板上进行更改。在 FRDM-K64F 板上用 D7 和 D8 数字引脚，而在 LPC1768 板上用 P11 和 P12 引脚。

除了数字输入和输出，也可以设置一个引脚，既作为输入又作为输出，即双向的，如示例 5.7 所示。首先设置 D7（或 LPC1768 板上的 P11）引脚为输入，等待 0.5s，读取并输出它的值，然后将该引脚设为输出，将其值设为 1（即 3.3 V），输出该值，再等待 0.5s。

示例　5.7

```
#include "mbed.h"

#if defined(TARGET_K64F)
   DigitalIn    din(D7);
#elif defined(TARGET_LPC1768)
   DigitalIn    din(p11);
#endif
int main(void)
{
    while (1) {
        pin.input();
        wait(0.5f);
        printf("Input: %d \n\r", pin.read());
        pin.output();
        pin = 1;
        printf("Output: %d \n\r", pin.read());
        wait(0.5f);
    }
}
```

5.1.3　总线输入（BusIn）、总线输出（BusOut）、总线输入和输出（BusInOut）

在 Mbed 上，"BusIn""BusOut"和"BusInOut"接口允许创建若干数字输入引脚，可作为一个值被读取或写入。在以下"BusIn"示例中，读取引脚 D3、D4、D5、D6（或 LPC 1768 板上的 P12、P13、P14、P15）作为一个值。D3 是最小的字节（LSB），D6 是最大的字节（MSB）。任一个标有数字的 Mbed 引脚都可在"BusIn""BusOut"和"BusInOut"中用作一个数字输入。

示例　5.8

```
#include "mbed.h"

#if defined(TARGET_K64F)
    BusIn nibble(D3, D4, D5, D6 );
#elif defined(TARGET_LPC1768)
    BusIn nibble(p12, p13, p14, P15);
#endif

int main() {
    while(1) {
        // 读取总线并屏蔽输出未使用字节
        int v = (nibble & nibble.mask());
        printf("%d\r\n",v);
        wait(1);
    }
}
```

"BusOut"可创建若干数字输入引脚，这些引脚可作为一个值被写入。在示例 5.9 中，RGB LED（LPC 1768 板上是 LED1、LED2、LED3）会点亮并显示从 0 到 7 的二进制值。

示例　5.9

```
#include "mbed.h"

#if defined(TARGET_K64F)
    BusOut nibble(LED_RED, LED_GREEN, LED_BLUE);
#elif defined(TARGET_LPC1768)
    BusOut nibble(LED1, LED2, LED3);
#endif

int main() {
    while(1) {
        for(int i=0; i<8; i++) {
            nibble = i;
            wait(0.5);
        }
    }
}
```

"BusOut"可创建若干数字输入引脚，这些引脚可作为一个值被读取和写入。在示例 5.10 中，创建了一个有 4 个引脚的总线：D3、D4、D5、D6（LPC1768 板上是 P12、P13、

P14、P15）。首先设置总线为输出模式，写入值 0xF，即所有引脚都设为高，等待 0.25s。然后设置总线为输入模式，再等待 0.25s，从总线上读取数值，输出到计算机串行端口。"**%X**"指输出十六进制的值。

示例　5.10

```
#include "mbed.h"

#if defined(TARGET_K64F)
    BusInOut bio(D3, D4, D5, D6);
#elif defined(TARGET_LPC1768)
    BusInOut bio(p12, p13, p14, p15);
#endif

int main() {
    while(1) {
        bio.output();
        bio = 0xF;
        wait(0.25);
        bio.input();
        wait(0.25);
        // 读取总线并屏蔽输出未使用字节
        int v = (bio & bio.mask());
        printf("%X\n\r",v);
    }
}
```

更多关于"BusIn""BusOut"和"BusInOut"的信息

https://docs.mbed.com/docs/mbed-os-api-reference/en/latest/APIs/io/DigitalIn/
https://docs.mbed.com/docs/mbed-os-api-reference/en/latest/APIs/io/DigitalOut/
https://docs.mbed.com/docs/mbed-os-api-reference/en/latest/APIs/io/DigitalInOut/
https://docs.mbed.com/docs/mbed-os-api-reference/en/latest/APIs/io/BusIn/
https://docs.mbed.com/docs/mbed-os-api-reference/en/latest/APIs/io/BusOut/
https://docs.mbed.com/docs/mbed-os-api-reference/en/latest/APIs/io/BusInOut/

5.2   模拟输入和输出

5.2.1   模拟输入

模拟输入指从引脚读入电压值（0V ~ 3.3 V），12 位和 16 位分辨率，采样率高达 800 ksps。模拟引脚是 A0、A1…A5。模拟输出是设置电压值到引脚作为输出，模拟引脚是 DAC0_OUT。

连接 FRDM-K64F 开发板到计算机，在在线编译器上创建一个新项目，命名为 "FRDM-K64F_AnalogIn"，将 "main.cpp" 按照示例 5.11 进行更改。"**AnalogIn ain(A1)**" 行从引脚 A1 创建一个模拟输入，并与名为 **ain** 的变量关联。FRDM-K64F 板上有 6 个引脚，A0、A1…A5。在循环内，"**ain.read()**" 从模拟输出读取一个浮点值作为一个分数比例。"`printf()`" 输出结果，这里 "`%10.3f`" 指输出一个浮点型变量，用最少 10 个空格和 3 个小数点，`f` 指浮点数。"`wait_ms(500)`" 是另一个等待函数，指等待 500ms。

示例　5.11

```
#include "mbed.h"

AnalogIn   ain(A1);

int main(void)
{
    while (1) {
        printf("%10.3f\n\r", ain.read());
        wait_ms(500);
    }
}
```

你也可以读入 16 位值，如示例 5.12 所示。在这里例子中，"`ain.read_u16()`" 从引脚 A0 读取了一个 16 位标准化数值，并分配给变量 `v`，一个 "`unit16_t`" 型整数。"`%04X`" 指输出一个 4 位十六进制值。前面的 "`0x`" 是简单地在十六进制数前加 0x，即 0x56。

示例　5.12

```
#include "mbed.h"

AnalogIn   ain(A0);

int main(void)
{
    uint16_t v;
    while (1) {
        v = ain.read_u16();
        printf("0x%04X\n\r",v);
        wait_ms(500);
    }
}
```

模拟输入有利于从传感器上读取电压值，如模拟温度传感器（LM35）和光敏电阻（LDR）。图 5-7 是 FRDM-K64F 板的典型配置，有一个温度传感器和一个 LDR 传感器。

5.2.2　模拟输出

模拟输出是指从在线编译器上创建一个新的项目，命名为 "FRDM-K64F_AnalogOut"，然后将 "`main.cpp`" 按照如下示例进行更改。"`aout.write()`" 写入一个浮点值到模拟输出引脚，代表一个分数比例。在这个例子中，写入 0.5 × 3.3=1.65 V 到引脚。同样的命令也可用 "`aout=0.5f`" 表示。图 5-8 是程序的 Tera Term 输出。

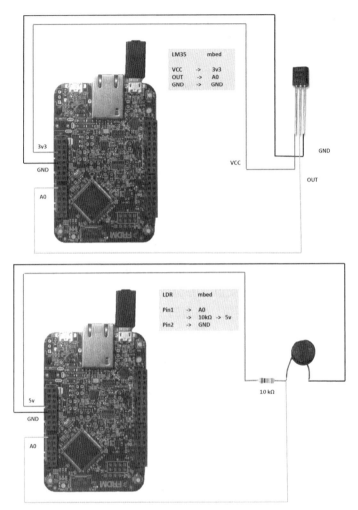

图 5-7 FRDM-K64F 板的温度传感器（上）和 LDR 传感器电路示意图（下）

示例 5.13

```
#include "mbed.h"

AnalogOut  aout(DAC0_OUT);

int main(void)
{
    while (1) {
        aout.write(0.5f);              // 或  aout = 0.5f;
        printf("aout = %10.2f volts\n\r", aout.read() * 3.3f);
        wait(1.0f);
    }
}
```

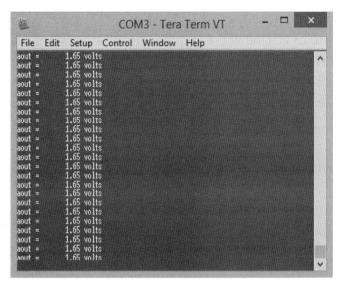

图 5-8　Tera Term 输出

练习 5.6

更改以上程序，使其从引脚 A0 读取模拟输入，然后乘以 10，由模拟输出引脚 DAC0_OUT 输出。

示例 5.14 用 for 循环设置模拟输出引脚 DAC0_OUT 为交互格式，始于 0.0 × 3.3 V，每次增加 0.1 × 3.3 V，直到 1.0 × 3.3 V，然后再从头开始。

示例　5.14

```
#include "mbed.h"

AnalogOut   aout(DAC0_OUT);

int main(void)
{
    while (1) {
        for (float i = 0.0f; i < 1.0f; i += 0.1f) {
            aout = i;
            printf("aout = %10.2f volts\n", aout.read() * 3.3f);
            wait(0.2f);
        }
    }
}
```

练习 5.7

更改以上程序，使其在模拟输出引脚 DAC0_OUT 上创建一个正弦波。

示例 5.15 是可用于 FRDM-K64F 和 LPC1768 板的多平台示例。首先读取模拟输出，
FRDM-K64F 板是 A0，LPC1768 板是 P15；然后为模拟输出引脚分配值，FRDM-K64F 板
是 DAC0_OUT，LPC1768 板是 P18。

示例 5.15

```
#include "mbed.h"

#if defined(TARGET_K64F)
   AnalogIn    ain(A0);
   AnalogOut   aout(DAC0_OUT);
#elif defined(TARGET_LPC1768)
   AnalogIn    ain(p15);
   AnalogOut   aout(p18);
#endif

int main(void)
{
   while (1) {
       aout = ain.read();
       printf("%10.2f \n\r", aout.read());
       wait(0.5f);
   }
}
```

更多关于模拟输入和输出的信息

https://docs.mbed.com/docs/mbed-os-api-reference/en/latest/APIs/io/AnalogIn/
https://docs.mbed.com/docs/mbed-os-api-reference/en/latest/APIs/io/AnalogOut/

5.3 脉宽调制

脉宽调制（PWM）是微控制器用数字手段获取模拟结果的一种很流行的技术。它首先
创建一个固定频率的方波信号，然后通过改变脉宽，你可以改变输出功率。例如，PWM
可用于控制 LED 光强度或控制电机转速。

要使用 PWM，可从在线编译器上创建一个新的项目，命名为 "FRDM-K64F_PWM"，
然后将 "main.cpp" 按照示例 5.16 进行更改。"PMWOut pout(D9)" 定义 D9 引脚为
PWM 输出，"pout.period(2.0f)" 指定周期为 2s，"pout.write(0.5f)" 指定
占空比为 0.5 或 50%，即 1s。这段代码生成一个 PWM 输出，即占空比为 50% 的 2s 脉冲。
修改代码，将占空比改为 10% 和 90%，用示波器观察脉宽的变化。

示例 5.16

```
#include "mbed.h"

PwmOut pout(D9);

int main() {
   pout.period(2.0f);
```

```
    pout.write(0.50f);
    while(1);
}
```

如果想在运行时改变 PWM 输出，需要更改 while 循环。如示例 5.17 所示，周期设置为 1s，在循环内，先将占空比设置为 0.5s，等待 5s，然后将占空比改为 0.1s。你可以用"pout.pulsewidth(0.5f)"或"pout.write(1.0f)"指定占空比，区别是"pout.pulsewidth(0.5f)"以 s 为单位，而"pout.write(1.0f)"以百分比为单位。如果将 LED 置于 D9 引脚和地面之间，你将看到 LED 先亮 5s，然后暗 5s。

示例 5.17

```
#include "mbed.h"

#if defined(TARGET_K64F)
    PwmOut pout(D9);
#elif defined(TARGET_LPC1768)
    PwmOut pout(p26);
#endif


int main() {
    pout.period(1.0f);
    while(1){
        pout.pulsewidth(0.5f);   //或    pout.write(1.0f);
        wait(5.0f);
        pout.pulsewidth(0.1f);   //或    pout.write(0.2f);
        wait(5.0f);
    }
}
```

练习 5.8

试想一下，如果将电位计连接到模拟输入 A0，更改以上程序使其从 A0 读取值，然后相应地改变 PWM 脉宽。

PWM 的一个很有用的应用是驱动伺服电机。在这个例子中，你将需要输入 Servo 库：https://os.mbed.com/users/simon/code/Servo/docs/36b69a7ced07//classServo.html。

示例 5.18

```
#include "mbed.h"
#include "Servo.h"

#if defined(TARGET_K64F)
    PwmOut pout(D9);
#elif defined(TARGET_LPC1768)
    PwmOut pout(p21);
#endif

int main() {
```

```
for(float p=0; p<1.0; p += 0.1) {
    myservo = p;
    wait(0.2);
}
}
```

更多关于 PWM 的信息

https://docs.mbed.com/docs/mbed-os-api-reference/en/latest/APIs/io/PwmOut/

5.4 加速计和磁力计

FRDM-K64F 有一个板上六轴组合加速计和磁力计传感器（FXOS8700Q）。要使用传感器，可从在线编译器上创建一个新的项目，命名为"FRDM-K64F_FXOS8700Q"，按示例 5.19 更改"main.cpp"的内容。图 5-9 是在线编译器上的程序页面。

示例 5.19

```
#include "mbed.h"
#include "FXOS8700Q.h"

I2C i2c(PTE25, PTE24);
FXOS8700QAccelerometer acc(i2c, FXOS8700CQ_SLAVE_ADDR1);

int main(void)
{
    motion_data_units_t acc_data;
    acc.enable();
    printf("FXOS8700QAccelerometer Who Am I= %X\r\n", acc.whoAmI());
    while (true) {
        acc.getAxis(acc_data);
        printf("%1.4ff %1.4ff %1.4ff \r\n", acc_data.x, acc_
data.y, acc_data.z);

        wait(1.0f);
    }
}
```

你需要导入一个名为"FXOS8700Q"的库：https://os.mbed.com/teams/NXP/code/FXOS8700Q/。

单击"Import!"键将库导入你的项目，在"Libraries"栏搜索"FXOS8700Q"，然后单击右上角"Import!"，如图 5-10 所示。

在"main.cpp"中，"I2C i2c(PTE25, PTE24);"定义 I2C 引脚，因为 FXOS8700Q 传感器用 I2C 进行通信。下一章将讲述更多关于 I2C 的详情。"FXOS8700QAccelerometer acc(i2c, FXOS8700CQ_SLAVE_ADDR1);"创建一个变量 acc，使板上加速计与 I2C 引脚关联起来。"acc.enable();"启动加速计，"acc.whoAmI();"给出关于加速计的信息，"acc.getAxis();"获取加速计的 X、Y、Z 坐标值。

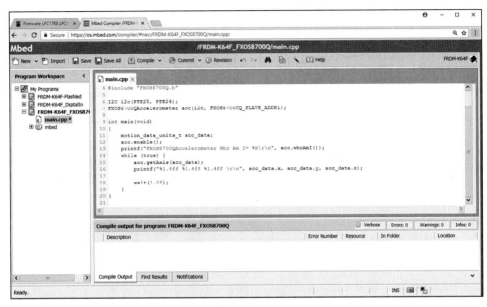

图 5-9　"FRDM-K64F_FXOS8700Q"程序页

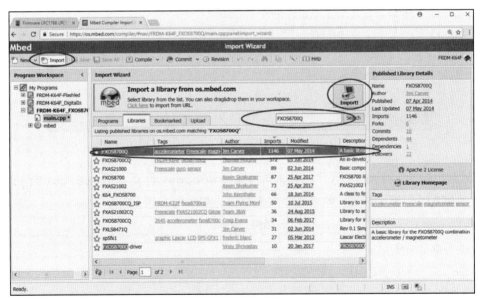

图 5-10　"FRDM-K64F_FXOS8700Q"程序页上的导入库向导

最新 Arduino 软件（https://www.arduino.cc/en/Main/Software）1.6.8 版本或更新版本有一个有趣的串口监视器和串口绘图工具，可以显示和绘制发送到串行端口的三个加速计的值。图 5-11 是这些值的截图和用 Arduino 软件的绘图。

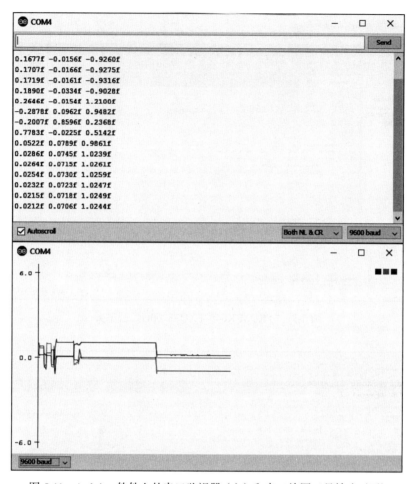

图 5-11　Arduino 软件上的串口监视器（上）和串口绘图工具输出（下）

　　除了"acc.getAxis(),"，你也可以用"acc.getX(),""acc.getY(),"和
"acc.getZ()"获取加速计的 X、Y、Z 坐标值，如示例 5.20 所示。

示例　5.20

```
#include "mbed.h"

#include "FXOS8700Q.h"

I2C i2c(PTE25, PTE24);
FXOS8700QAccelerometer acc(i2c, FXOS8700CQ_SLAVE_ADDR1);

int main(void)
{
    motion_data_units_t acc_data;
    float faX, faY, faZ, tmp_float;
```

```
        acc.enable();
        printf("FXOS8700QAccelerometer Who Am I= %X\r\n", acc.whoAmI());
        while (true) {
            acc.getX(faX);
            acc.getY(faY);
            acc.getZ(faZ);
            printf("%1.4ff %1.4ff %1.4ff\r\n", faX, faY, faZ);
            printf("%1.4ff %1.4ff %1.4ff\r\n", acc.getX(tmp_float),
acc.getY(tmp_float), acc.getZ(tmp_float));
            wait(1.0f);
        }
}
```

前两个示例中使用了单位结果，但是你也可以使用计数结果，如示例 5.21 所示。

示例　5.21

```
#include "mbed.h"
#include "FXOS8700Q.h"

I2C i2c(PTE25, PTE24);
FXOS8700QAccelerometer acc(i2c, FXOS8700CQ_SLAVE_ADDR1);

int main(void)
{
    motion_data_counts_t acc_raw;
    int16_t raX, raY, raZ, tmp_int;
    acc.enable();
    printf("FXOS8700QAccelerometer Who Am I= %X\r\n", acc.whoAmI());
    while (true) {
        acc.getAxis(acc_raw);
        printf("ACC: X=%06dd Y=%06dd Z=%06dd \r\n", acc_raw.x,
acc_raw.y, acc_raw.z);
        acc.getX(raX);
        acc.getY(raY);
        acc.getZ(raZ);
        printf("ACC: X=%06dd Y=%06dd Z=%06dd \r\n", raX, raY, raZ);
        printf("ACC: X=%06dd Y=%06dd Z=%06dd \r\n", acc.
getX(tmp_int), acc.getY(tmp_int), acc.getZ(tmp_int));
        wait(5.0f);
    }
}
```

同样地，示例 5.22 展示了如何用单位结果读取磁力计的值。

示例　5.22

```
#include "mbed.h"
#include "FXOS8700Q.h"

Serial pc(USBTX, USBRX);
I2C i2c(PTE25, PTE24);
FXOS8700QMagnetometer mag(i2c, FXOS8700CQ_SLAVE_ADDR1);

int main(void)
```

```
{
    motion_data_units_t mag_data;

    mag.enable();
    printf("FXOS8700QMagnetometer Who Am I= %X\r\n", mag.whoAmI());
    while (true) {
        // 单位结果
        mag.getAxis(mag_data);
        printf("%4.1ff %4.1ff %4.1ff\r\n", mag_data.x, mag_
data.y, mag_data.z);
        wait(0.5f);
    }
}
```

你也可以用 Arduino 软件显示发送到串行端口的值，并用串行绘图软件绘制这些值，如图 5-12 所示。

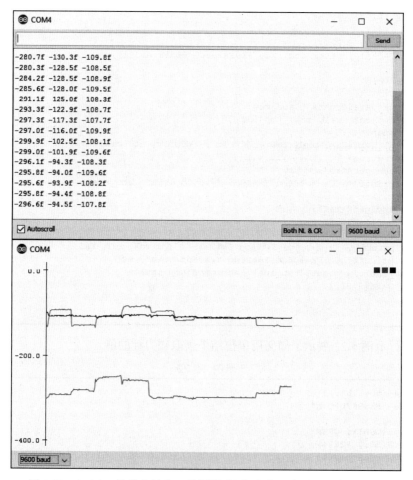

图 5-12　Arduino 软件上的串口监视器（上）和串口绘图工具输出（下）

除了"`acc.getAxis(),`",也可以用"`acc.getX(),`""`acc.getY(),`"和"`acc.getZ()`"获取加速计的 X、Y、Z 坐标值,如示例 5.23 所示。

示例　5.23

```
#include "mbed.h"
#include "FXOS8700Q.h"

Serial pc(USBTX, USBRX);
I2C i2c(PTE25, PTE24);
FXOS8700QMagnetometer mag(i2c, FXOS8700CQ_SLAVE_ADDR1);

int main(void)
{
    motion_data_units_t mag_data;
    float fmX, fmY, fmZ, tmp_float;

    mag.enable();
    printf("FXOS8700QMagnetometer Who Am I= %X\r\n", mag.whoAmI());
    while (true) {
        // 单位结果
        mag.getAxis(mag_data);
        printf("MAG: X=%4.1ff Y=%4.1ff Z=%4.1ff\r\n",
mag_data.x, mag_data.y, mag_data.z);
        mag.getX(fmX);
        mag.getY(fmY);
        mag.getZ(fmZ);
        printf("MAG: X=%4.1ff Y=%4.1ff Z=%4.1ff\r\n", fmX, fmY, fmZ);
        printf("MAG: X=%4.1ff Y=%4.1ff Z=%4.1ff\r\n", mag.
getX(tmp_float), mag.getY(tmp_float), mag.getZ(tmp_float));
        wait(5.0f);
    }
}
```

示例 5.24 是相同的示例,只是使用计数结果。

示例　5.24

```
#include "mbed.h"
#include "FXOS8700Q.h"

Serial pc(USBTX, USBRX);
I2C i2c(PTE25, PTE24);
FXOS8700QMagnetometer mag(i2c, FXOS8700CQ_SLAVE_ADDR1);
int main(void)
{
    motion_data_counts_t mag_raw;
    int16_t rmX, rmY, rmZ, tmp_int;

    mag.enable();
    printf("FXOS8700QMagnetometer Who Am I= %X\r\n", mag.whoAmI());
    while (true) {
        // 计数结果
        mag.getAxis(mag_raw);
        printf("MAG: X=%06dd Y=%06dd Z=%06dd\r\n", mag_raw.x, mag_
raw.y, mag_raw.z);
```

```
    mag.getX(rmX);
    mag.getY(rmY);
    mag.getZ(rmZ);
    printf("MAG: X=%06dd Y=%06dd Z=%06dd\r\n", rmX, rmY, rmZ);
    printf("MAG: X=%06dd Y=%06dd Z=%06dd\r\n", mag.getX(tmp_int),
mag.getY(tmp_int), mag.getZ(tmp_int));
    wait(5.0f);
    }
}
```

练习 5.9

更改以上程序，使其既可以读取加速计的值，也可以读取磁力计的值。

NXP LPC1768 开发板不包含板上加速计或磁力计，所以本节中的代码不适用于 NXP LPC1768 板。

更多关于加速计和磁力计传感器的信息

https://os.mbed.com/teams/NXP/code/FXOS8700Q/

5.5 SD 卡

FRDM-K64F 板有一个板上 SD 卡插口。要使用 SD 卡，需从在线编译器上创建一个新的项目，命名为"FRDM-K64F_SDCard"，按照图 5-13 所示更改"`main.cpp`"的内容。你需要导入一个名为"SDFileSystem"的库：https://os.mbed.com/users/mbed_official/code/SDFileSystem/。

单击"Import!"键将库导入你的项目，在"Libraries"栏搜索"SD card"，然后单击右上角"Import!"，如图 5-13 所示。

图 5-13 "SDFileSystem"库导入向导

以下示例展示了如何写入 SD 卡，如图 5-14 所示。如果你曾用 C 语言写过文件读写代码，你会发现语法几乎一样。"`SDFileSystem sd(PTE3, PTE1, PTE2, PTE4, "sd");`"行指定连接到 SD 卡组件的微控制器引脚，在这个例子中是 SPI（串行外设接口）引脚。第 6 章将详细介绍 SPI 接口。"`FILE *fp;`"定义文件处理指针，"`fp = fopen("/sd/test.txt", "w")`"试图打开 SD 卡上的"test.txt"文件用于写入（"w"）。如果成功打开，它将在文件上写"Hello World"；如果不成功，将什么都不会出现。

图 5-14　"FRDM-K64F_SDCard"程序页

示例 5.25 展示了如何读取 SD 卡。在这个例子中，buffer 是字符类型的数组，长度是 256 字节，用于读取文件的缓冲。

示例　5.25

```
#include "mbed.h"
#include "SDFileSystem.h"

SDFileSystem sd(PTE3, PTE1, PTE2, PTE4, "sd"); // 主机输出从机输入(MOSI),
主机输入从机输出(MISO), 串行时钟(SCK), CSFILE *fp;

char buffer[256];

int main() {
    fp = fopen("/sd/test.txt", "r");
    if (fp != NULL) {
        int size = fread(buffer, sizeof(char), 256, fp);
        printf("Size: %d, text from file: %s \n", size, buffer);
        fclose(fp);
    }
}
```

练习 5.10

更改以上程序，使其读取文件内容并将内容复制到另一个文件。

请注意，NXP LPC1768 开发板没有板上 SD 卡插口。若需保存数据，你可以用它的本地文件系统。更多信息请见下一节。

更多关于 SD 系统的信息

https://os.mbed.com/cookbook/SD-Card-File-System
https://os.mbed.com/teams/NXP/code/FRDMK64_SDCard/?platform=FRDM-K64F
https://docs.mbed.com/docs/mbed-os-api-reference/en/latest/APIs/storage/filesystem/

5.6 本地文件系统（LPC1768）

对于 NXP LPC1768 和 LPC11U24，你可以将数据文件保存到 Mbed 闪存的特定区域。你可以通过计算机上的 Mbed USB 驱动看到该区域。示例 5.26 是一个简单示例，在本地文件系统的一个文本文件中进行读写。"`LocalFileSystem local("local")`"定义本地文件系统，"`FILE* fp1 = fopen("/local/log.txt","w")`"打开"log.txt"文件用于写入（"w"），同样地，"`FILE* fp2 = fopen("/local/log.txt","r")`"打开文件用于读取（"r"）。"`fclose()`"关闭文件，"`fputs()`"写文本到文件，"`fgets()`"读取文件。

示例 5.26

```
#include "mbed.h"
Serial pc(USBTX,USBRX);
LocalFileSystem local("local");
char rs[256];
int main ()
{
    FILE* fp1 = fopen("/local/log.txt","w");
    fputs("Hello World", fp1);
    fclose(fp1);

    FILE* fp2 = fopen ("/local/log.txt","r");
    fgets(rs,256,fp2);
    fclose(fp2);
    pc.printf("text data: %s \n\r",rs);
}
```

示例 5.27 读取了模拟输入 A0 10 次，并保存到日志文件，还用计时器记录所用的时间。在这个例子中，我们用"`FILE* fp = fopen("/local/log.txt", "a")`"附在文件（"a"）上，因为写入文件（"w"）上将超出已有文件内容。

示例 5.27

```
#include "mbed.h"

#if defined(TARGET_K64F)
```

```
  AnalogIn    ain(A0);
#elif defined(TARGET_LPC1768)
  AnalogIn    ain(p19);
#endif

Timer t;
LocalFileSystem local("local");    // 定义本地文件系统
int main() {
    t.start();                // 启动计时器
    for(int i=0;i<10;i++)
    {
        FILE* fp = fopen ("/local/log.txt","a");
        fprintf(fp,"time=%.3fs: Ain =%.3f \n\r",t.read(),ain.read());
        fclose(fp);           // 关闭文件
        wait(1);
    }
}
```

请注意，当微控制器读写文件时，LPC1768 在主机上被标为"removed"。这是正常的，而且当所有文件句柄关闭或微控制器程序退出时，它会再次出现。

更多关于本地文件系统的信息

https://os.mbed.com/handbook/LocalFileSystem
https://os.mbed.com/media/uploads/robt/mbed_course_notes_-_memory_and_data.pdf

5.7　中断

中断是基于输入变化触发一个事件的一种非常有用的方式。计算机鼠标和键盘通常用中断进行工作。使用中断，需从在线编译器上创建一个新的项目，命名为"FRDM-K64F_Interrupts"，并将"main.cpp"按照示例 5.28 进行更改。"InterruptIn button(sw2);"定义 Switch 2 为中断输入。"flip()"函数控制 LED1 开关。"button.rise(&flip);"将"flip()"函数地址附加到 Switch 2 键的上升沿。所以该程序大部分时间不做任何事情，除非你按了 Switch 2 键，开关 LED1（红色）。由于中断是由微控制器自动控制的，所以无须将"button.rise(&flip);"加入 while 循环。

示例　5.28

```
#include "mbed.h"

InterruptIn button(sw2);
DigitalOut led(LED1);

void flip() {
    led = !led;
}

int main() {
    button.rise(&flip);
    while(1);
}
```

练习 5.11

更改以上程序，使其使用两个开关和两个 LED，当你按 Switch 2 键时，绿色 LED 开关，当你按 Switch 3 键时，红色 LED 开关。

更多关于中断的信息

https://docs.mbed.com/docs/mbed-os-api-reference/en/5.1/APIs/io/InterruptIn/

5.8 小结

本章介绍了 FRDM-K64F 开发板的输入和输出，包括数字输入和输出、总线输入和输出、模拟输入和输出、脉宽调制（PWM）、六轴组合加速计和磁力计传感器、SD 卡、本地文件系统（LPC1768）和中断。

数 字 接 口

为明天做的最好的准备就是今天尽最大的努力。

——哈里特·杰克逊·布朗

微控制器通过数字接口与其他设备直接通信。

6.1 串行接口

串行接口由于使用简易，是一种广泛流行的最常用的通信接口。串行接口用两个引脚进行通信，Rx 和 Tx，分别接收和发送数据。串行接口的默认设置为：波特率 9600，数据位 8，停止位 1，校验无（9600-8-N-1）。

要使用串行接口，可从 Mbed 在线编译器上创建一个新的项目，命名为 "FRDM-K64F_Serial"，将 "main.cpp" 按照示例 6.1 进行更改。"Serial pc(USBTX, USBRX);" 用标准 USBTX 和 USBRX 引脚指定微控制器至 PC 串行通信，"pc.printf("Hello World\n");" 将通过串行端口发送 "Hello World" 到计算机。

示例 6.1

```
#include "mbed.h"

Serial pc(USBTX, USBRX);

int main() {
    pc.printf("Hello World\n");
    while(1);
}
```

如上一章所见，"printf()" 也将发送信息到计算机串行端口。因此，示例 6.2 与上述代码的运行完全相同。

示例 6.2

```
#include "mbed.h"

int main() {
    printf("Hello World\n");
```

```
        while(1);
    }
```

你可以用"pc.getc()"从计算机串行端口读取一个字符,用"pc.putc()"写入一个字符到计算机串行端口。示例6.3将从计算机读取一个字符并做出应答,只要有可读取的内容。

示例 6.3

```
#include "mbed.h"

Serial pc(USBTX, USBRX);

int main() {
    while(1) {
        if(pc.readable()) {
            pc.putc(pc.getc());
        }
    }
}
```

练习 6.1

更改以上程序使其从计算机串行端口读取小写字符,然后转换为大写字符并做出应答。

你也可用"gets()"函数从计算机串行端口读取若干字符。示例6.4每次最多可读取256个字符。要使"gets()"有效运行,需要配置终端软件(Tera Term、putty.exe、Arduino serial monitor 等),以便传输以"\n"(NL,换行)结尾的数据。这样,"gets()"将可以读取不同长度的数据,因为它只要读到"\n"就会停止。关于 Tera Term 终端配置,请见第 5 章的 5.2.2 节。

示例 6.4

```
#include "mbed.h"

Serial pc(USBTX, USBRX);

int main() {
    while(1) {
        if(pc.readable()) {
            char buff [256];
            pc.gets(buff, 256);
            pc.printf("%s\n\r", buff);
        }
    }
}
```

如果输入数据包含整数、浮点数或双精度浮点数,你也可以用"sscanf()"函数提取数字。示例6.5展示了如何从计算机串行端口读取三个浮点数,数字由 | 隔开。

示例　6.5

```
#include "mbed.h"

Serial pc(USBTX, USBRX);

int main() {
    float re[3]={1.0,0.0,0.0};
    while(1) {
        if(pc.readable()) {
            char buff [256]="";
            pc.gets(buff, 256);
            pc.printf("%s\n\r", buff);
            sscanf (buff,"%f|%f|%f",&re[0],&re[1],&re[2]);
        }
        pc.printf("%10.3f\t%10.3f\t%10.3f\n\r", re[0],re[1],re[2]);
    }
}
```

练习 6.2

更改以上程序，使其可从计算机串行端口读取三个整数，数字由 “,” 隔开。

除了与计算机进行通信外，你也可以通过串行端口与其他设备进行通信。示例 6.6 用 D4 和 D5 引脚作为串行接口，发送 “Hello World” 到接口，这样，所用波特率即为 115 200。

示例　6.6

```
#include "mbed.h"

Serial dev(D4, D5);          // Tx 和 Rx

int main() {
    dev.baud(115200);
    dev.printf("Hello World\n");
}
```

练习 6.3

更改以上程序，使其可从计算机串行端口读取字符，并发送到设备串行接口（D4，D5），反之亦然。

练习 6.4

更改以上程序，使其可通过串行接口（D4，D5）与其他 FRDM-K64F 板（或 LPC1768 板）进行通信。

更多关于串行接口的信息

https://docs.mbed.com/docs/mbed-os-api-reference/en/latest/APIs/interfaces/digital/Serial/

6.2 串行外围接口

串行外围接口（SPI）总线是一种用于近距离通信的同步串行通信接口规格。该接口由 Motorola 开发，已成为行业标准。典型应用包括安全数码（SD）卡和液晶显示屏（LCD）。SPI 设备用单主主从架构在全双工模式下进行通信。主设备搭建框架用于读写，多个从设备通过选择某个从属（SS）线与主设备连接，如图 6-1 所示。

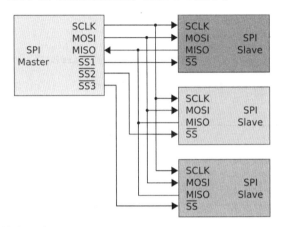

图 6-1　SPI 通信协议（来源：https://en.wikipedia.org/wiki/Serial_Peripheral_Interface_Bus#/media/File:SPI_three_slaves.svg）

要使用 SPI 接口，需要两个设备，一个作为主设备，另一个作为从设备。在这个示例中，将使用 FRDM-K64F 板作为主设备，LPC1768 板作为从设备。

关于主设备，从在线编译器上创建一个新的项目，命名为"FRDM-K64F_SPI"，按照示例 6.7 更改"main.cpp"的内容。

示例　6.7

```
#include "mbed.h"

SPI spi(PTD2, PTD3, PTD1); // 主出从入 (mosi), 主入从出 (miso), 串行时钟 (sclk)
DigitalOut cs(PTD0);

int main() {
    cs = 1;

    spi.format(8,3);
    spi.frequency(1000000);

    cs = 0;

    spi.write(0x8F);

    int whoami = spi.write(0x00);
    printf("WHOAMI register = 0x%X\n", whoami);
```

```
        cs = 1;
    }
```

关于从设备，从在线编译器上创建一个新的项目，命名为" LPC1768_SPISlave"，并
按照示例 6.8 更改"**main.cpp**"的内容。

示例　6.8

```
#include "mbed.h"

SPISlave device(p5, p6, p7, p8);  // 主出从入 (mosi)，主入从出 (miso)，
                                     串行时钟 (sclk)，从机选择 (ssel)
int main() {
    device.reply(0x00);               // 首次回复的初始 SPI
    while(1) {
        if(device.receive()) {
            int v = device.read();   // 从主机读取字节
            v = (v + 1) % 0x100;     // 在其值上加 1，以 256 为模
            device.reply(v);         // 作为下一个回复
        }
    }
}
```

练习 6.5

更改以上两个程序，使 SPI 服务器读取数字输入引脚 D0 并发送一个值到 SPI 客户端。
更多关于 SPI 接口的信息

https://docs.mbed.com/docs/mbed-os-api-reference/en/latest/APIs/interfaces/
digital/SPI/

https://docs.mbed.com/docs/mbed-os-api-reference/en/latest/APIs/interfaces/digital/
SPISlave/

6.3　内部集成电路

内部集成电路（I2C）是多主多从单端串行计算机总线，由飞利浦半导体（现为 NXP
半导体）发明。主要用于在近距离板内通信时将低速外围集成电路附加到处理器和微控制
器。I2C 只用两个双向开漏线、串行数据采集（SDA）和串行时钟线（SCL）并负载电阻。
一般所用电压是 +5 V 或 +3.3 V，尽管其他电压系统也是允许的，如图 6-2 所示。

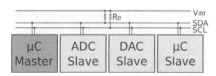

图 6-2　I2C 通信协议（来源：https://en.wikipedia.org/wiki/I%C2%B2C#/media/File:I2C.svg）

要使用 I2C 接口，需要两个设备，一个作为主设备，一个作为从设备。在这个示例

中，将使用 FRDM-K64F 板作为主设备，LPC1768 板作为从设备。

关于主设备，从在线编译器上创建一个新的项目，命名为"FRDM-K64F_I2C"，按照示例 6.9 更改"**main.cpp**"的内容。

示例　6.9

```
#include "mbed.h"

// 从 LM75BD 读取温度

I2C i2c(PTD25, PTD24);           // 时钟线（SDA）和数据线（SCL）

const int addr = 0x90;

int main() {
    char cmd[2];
    while (1) {
        cmd[0] = 0x01;
        cmd[1] = 0x00;
        i2c.write(addr, cmd, 2);

        wait(0.5);

        cmd[0] = 0x00;
        i2c.write(addr, cmd, 1);
        i2c.read(addr, cmd, 2);

        float tmp = (float((cmd[0]≪8)|cmd[1]) / 256.0);
        printf("Temp = %.2f\n", tmp);
    }
}
```

关于从设备，从在线编译器上创建一个新的项目，命名为"LPC1768_SPISlave"，按照示例 6.10 更改"**main.cpp**"的内容。

示例　6.10

```
#include <mbed.h>

I2CSlave slave(p9, p10);          // 数据线（SDA）和时钟线（SCL）

int main() {
    char buf[10];
    char msg[] = "Slave!";

    slave.address(0xA0);
    while (1) {
        int i = slave.receive();
        switch (i) {
            case I2CSlave::ReadAddressed:
                slave.write(msg, strlen(msg) + 1);  // 包括空字符
                break;
```

```
        case I2CSlave::WriteGeneral:
          slave.read(buf, 10);
          printf("Read G: %s\n", buf);
          break;
        case I2CSlave::WriteAddressed:
          slave.read(buf, 10);
          printf("Read A: %s\n", buf);
          break;
      }
      for(int i = 0; i < 10; i++) buf[i] = 0;  // 清除缓冲
    }
  }
```

练习 6.6

更改以上两个程序，使 I2C 服务器可以发送 10 字节数据到 I2C 客户端。

更多关于 I2C 接口的信息

https://docs.mbed.com/docs/mbed-os-api-reference/en/5.1/APIs/interfaces/digital/I2C/

https://docs.mbed.com/docs/mbed-os-api-reference/en/5.1/APIs/interfaces/digital/I2CSlave/

https://docs.mbed.com/docs/mbed-os-api-reference/en/latest/APIs/interfaces/digital/I2C/

https://docs.mbed.com/docs/mbed-os-api-reference/en/latest/APIs/interfaces/digital/I2CSlave/

6.4 控制器局域网

控制器局域网（CAN）是一个总线标准，允许微控制器和设备相互通信，无须通过主机。它是一个基于消息的通信协议，最初用于汽车的多路复用电线，也用于许多其他场景。CAN 总线开发于 1983 年始于罗伯特·博世公司。

CAN 是一个多主串行总线标准，用于连接电子控制单元（ECU），即节点。CAN 网络需要两个以上节点进行通信。节点的复杂度可从一个简单的 I/O 设备到一个有 CAN 接口和复杂软件的嵌入式计算机。节点也可以是一个网关，允许一个标准计算机通过 USB 或以太网端口与 CAN 网络上的设备进行通信。所有节点通过一个 120Ω 双绞线的两线总线相互连接，如图 6-3 所示。

示例 6.11 从一个 CAN 总线（can1）发送一个计数器，并在另一个 CAN 总线（can2）监听一个数据包。每个总线控制器都应连接到一个 CAN 总线接收器，然后这些一起连接到一个 CAN 总线。在这个示例中，断续器接口用于设置一个循环中断，定期反复调用"send()"函数。更多关于断续器接口的详情请见第 9 章的 9.2 节。

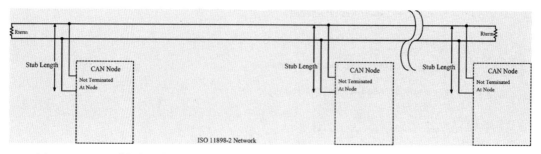

图 6-3　CAN 通信协议（来源：https://en.wikipedia.org/wiki/CAN_bus#/media/File:CAN_ISO11898-2_Network.png）

示例　6.11

```
#include "mbed.h"

Ticker ticker;
DigitalOut led1(LED1);
DigitalOut led2(LED2);
CAN can1(p9, p10);
CAN can2(p30, p29);
char counter = 0;

void send() {
    printf("send()\n");
    if(can1.write(CANMessage(1337, &counter;, 1))) {
        printf("wloop()\n");
        counter++;
        printf("Message sent: %d\n", counter);
    }
    led1 = !led1;
}

int main() {
    printf("main()\n");
    ticker.attach(&send;, 1);
    CANMessage msg;

    while(1) {
        printf("loop()\n");
        if(can2.read(msg)) {
            printf("Message received: %d\n", msg.data[0]);
            led2 = !led2;
        }
        wait(0.2);
    }
}
```

练习 6.7

更改以上程序，使其读取模拟引脚 A0 并发送其值到 CAN1。

更多关于 CAN 接口的信息

https://docs.mbed.com/docs/mbed-os-api-reference/en/latest/APIs/interfaces/digital/CAN/

6.5　小结

本章介绍了数字接口，用于微控制器与其他设备直接通信，如串行接口、串行外围接口（SPI）、内部集成电路（I2C）和控制器局域网（CAN）。

网络与通信

我一生中从来没有哪一天觉得我是在工作，所有这一切都只是我兴趣所在。

—— 托马斯·爱迪生

7.1 以太网

FRDM-K64F 开发板上有一个板上以太网接口，所以连接到互联网的最简单的方式是通过以太网。

从 Arm® Mbed™ 在线编译器上，创建一个新的程序，命名为"FRDM-F64F_NetworkInfo"（图 7-1），复制以下代码到"main.cpp"。

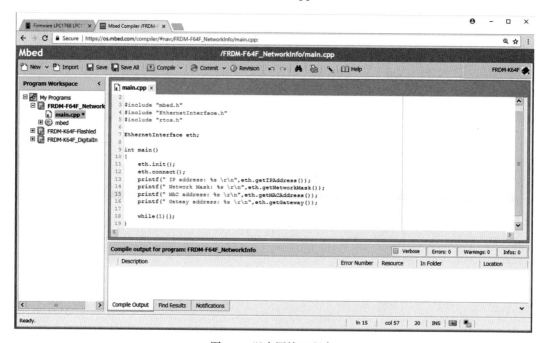

图 7-1 以太网接口程序

示例　7.1

```
#include "mbed.h"
#include "EthernetInterface.h"
#include "rtos.h"

EthernetInterface eth;

int main()
{
    eth.init();
    eth.connect();
    printf(" IP address: %s \r\n",eth.getIPAddress());
    printf(" Network Mask: %s \r\n",eth.getNetworkMask());
    printf(" MAC address: %s \r\n",eth.getMACAddress());
    printf(" Gateway address: %s \r\n",eth.getGateway());

    while(1){};
}
```

示例 7.1 展示了如何初始化以太网、连接以太网和获取网络信息，如 IP 地址、子网掩码、MAC 地址和网关地址。

在这个程序中，你需要导入两个库：

1）"EthernetInterface" 库（https://os.mbed.com/users/mbed_official/code/EthernetInterface/）。

2）"mbed-rtos" 库（https://os.mbed.com/users/mbed_official/code/mbed - rtos/）。

要导入一个库到一个程序中，只需单击在线编译器上方的 "Import!" 键。搜索 "EthernetInterface" 库并单击 "Import!" 键（图 7-2），将弹出一个确认窗口。确保所有信息无误，然后单击 "Import!" 键（图 7-3）。图 7-4 是如何搜索和导入 "mbed-rtos" 库。更多关于导入和输出库以及程序的详情请见第 10 章。

图 7-2　将 "EthernetInterface" 库导入程序

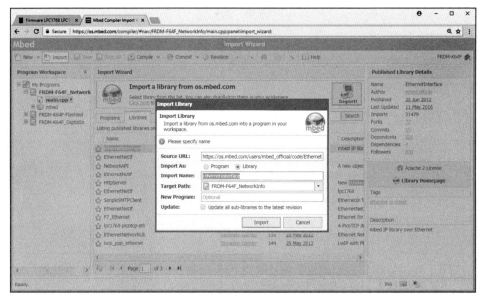

图 7-3　导入库弹出窗口

图 7-4　将"mbed-rtos"库导入程序

请注意，撰写本书时，在最新的"EthernetInterface"库中有两处编译错误（版本 54:183490eb1b4a，2017 年 1 月 14 日），如图 7-5 所示。

将这两行注释掉可解决此错误（图 7-6）。

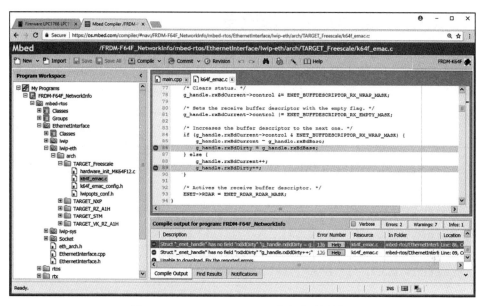

图 7-5　"EthernetInterface"库中的编译错误

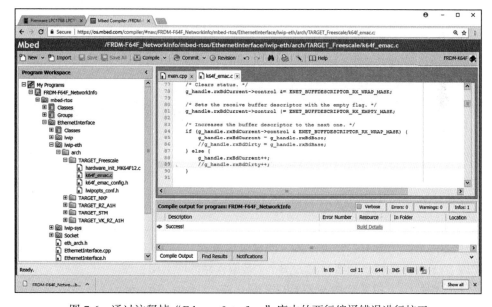

图 7-6　通过注释掉"EthernetInterface"库中的两行编译错误进行校正

更多关于以太网的信息

https://docs.mbed.com/docs/mbed-os-api-reference/en/latest/APIs/communication/ethernet/

7.2　以太网网页客户端和网页服务器

万维网仍旧是互联网中应用最广泛的。通过以太网接口，可以很容易地将FRDM-K64F板变为网页客户端或网页服务器。示例7.2是一个简单的以太网超文本传输协议（HTTP）客户端，即网页客户端和程序。它连接到网站（www.google.co.uk），然后检索网页信息。同样地，也需要"EthernetInterface"库和"mbed-rtos"库。

示例　7.2

```
#include "mbed.h"
#include "EthernetInterface.h"

EthernetInterface eth;
TCPSocketConnection sock;

int main() {
  eth.init();
  eth.connect();
  printf("IP Address is %s\n", eth.getIPAddress());

  sock.connect("www.google.co.uk", 80);

  char request[] = "GET / HTTP/1.0\n\n";
  sock.send_all(request, sizeof(request)-1);

  char buffer[1024];
  int ret;
  while (true) {
      ret = sock.receive(buffer, sizeof(buffer)-1);
      if (ret <= 0)
          break;
      buffer[ret] = '\0';
      printf("Received %d chars from server:\n%s\n", ret, buffer);
  }

  sock.close();

  eth.disconnect();

  while(1) {}
}
```

以下是一个简单的HTTP服务器，即网页服务器，它读取模拟输入A0（或LPC1768板的P19），并将其值输出到客户端。图7-7是服务器的网页浏览器。

以下示例是一个稍复杂版本的HTTP服务器。"web_server()"函数提供网页信息。"web_server()"函数设置HTTP服务器，接受HTTP客户端连接，输出客户端发送的数据，并以HTML格式输出模拟输入A0的值（或LPC1768板的P19）到客户端，包括标题和正文。

图 7-7 网页浏览器界面

示例 7.3

```
#include "mbed.h"
#include "EthernetInterface.h"

#define PORT   80
EthernetInterface eth;
TCPSocketServer server;
TCPSocketConnection client;

#if defined(TARGET_K64F)
    AnalogIn   ain(A0);
#elif defined(TARGET_LPC1768)
    AnalogIn   ain(p19);
#endif

int main()
{
  eth.init();
  eth.connect();
  printf(" IP address: %s \r\n",eth.getIPAddress());

  server.bind(PORT);
  server.listen();

  while(true){
      int32_t status = server.accept(client);

      if (status>=0)
      {
          char msg[1024] = {};
          sprintf(msg,"A0 = %0.1f \n\r\n\r", (float) ain.read());
          client.send(msg,strlen(msg));
```

```
            client.close();
        }
    }
}
```

```
#include "mbed.h"
#include "EthernetInterface.h'
#include <stdio.h>
#include <string.h>
#include "rtos.h"

#define PORT    80

EthernetInterface eth;
TCPSocketServer server;
TCPSocketConnection client;

#if defined(TARGET_K64F)
    AnalogIn   ain(A0);
#elif defined(TARGET_LPC1768)
    AnalogIn   ain(p19);
#endif
void web_server(void const *args)
{
    server.bind(PORT);
    server.listen();

    while(true){
        int32_t status = server.accept(client);

        if (status>=0)
        {
            char buffer[1024] = {};
            int n= client.receive(buffer, 1023);
            printf("Received Data:
%d\n\r\n\r%.*s\n\r",strlen(buffer),strlen(buffer),buffer);
            char Body[1024] = {};
            sprintf(Body,"<html><title></title><body><h1>A0=%0.1f
</h1></body></html>\n\r\n\r", (float) ain.read());
            char Header[256] = {};
            sprintf(Header,"HTTP/1.1 200 OK\n\rContent-Length:
%d\n\rContent-Type: text/html\n\rConnection:
Keep-Alive\n\r\n\r",strlen(Body));
            client.send(Header,strlen(Header));
            client.send(Body,strlen(Body));

            client.close();
        }
    }
}
int main() {
    EthernetInterface eth;
    eth.init();
    eth.connect();
```

```
    printf("\r\nServer IP Address is %s\r\n", eth.getIPAddress());

    web_server("");
    while(1){}
}
```

练习 7.1

更改以上程序，使其可读取模拟输入 A0、A1、A2，并在 HTTP 正文消息中以表格形式显示其值。

更多关于网页客户端和服务器的信息

https://os.mbed.com/cookbook/HTTP - Serverhttps://os.mbed.com/cookbook/ Networking

7.3　TCP 接口和 UDP 接口

在 Arm® Mbed ™上，你也可以通过文件传输协议（TCP）和用户数据报协议（UDP）接口提供简单且连贯的通信。TCP 通信以连接为导向，更可靠，但更复杂、速度更慢。UDP 通信是无连接的，因此更简单、快速，但是可靠性差。

示例 7.5 是一个简单的 TCP 接口服务器，它从 TCP 客户端接收数据并应答。同样地，也需要"EthernetInterface"库和"mbed-rtos"库。

示例　7.5

```
#include "mbed.h"
#include "EthernetInterface.h"

#define PORT    7

EthernetInterface eth;
TCPSocketServer server;
TCPSocketConnection client;

int main (void) {
    eth.init();
    eth.connect();
    printf("\nServer IP Address is %s\n", eth.getIPAddress());

    server.bind(PORT);
    server.listen();

    while (true) {
        server.accept(client);
        client.set_blocking(false, 1500); // 1.5秒后超时

        printf("Connection from: %s\n", client.get_address());
        char buffer[256];
        while (true) {
            int n = client.receive(buffer, sizeof(buffer));
```

```
            if (n <= 0) break;

            // 将收到的消息输出到终端
            buffer[n] = '\0';
            printf("Received message from Client :'%s'\n",buffer);

            // 将收到的消息返回给客户端
            client.send_all(buffer, n);
            if (n <= 0) break;
        }

        client.close();
    }
}
```

示例 7.6 是对应的 TCP 应答客户端程序。在这个示例中，需要将服务器 IP 地址
"x.x.x.x"修改为正确的服务器地址。

示例　　7.6

```
#include "mbed.h"
#include "EthernetInterface.h"

const char* SERVER = "x.x.x.x";
const int PORT = 7;

EthernetInterface eth;
TCPSocketConnection socket;

int main() {
    eth.init();
    eth.connect();
    printf("\nClient IP Address is %s\n", eth.getIPAddress());

    while (socket.connect(SERVER, PORT) < 0) {
        wait(1);
    }
    printf("Connected to Server at %s\n",SERVER);

    // 发送消息到服务器
    char msg[] = "Hello World";
    socket.send_all(msg, sizeof(msg) - 1);

    // 从服务器接收消息
    char buff[256];
    int n = socket.receive(buf, 256);
    buff[n] = '\0';
    printf("Received message from server: '%s'\n", buff);

    socket.close();
    eth.disconnect();

    while(true) {}
}
```

练习 7.2

更改以上 TCP 客户端 / 服务器程序，使服务器从客户端接收消息，将其改为大写字符，然后返回客户端。

示例 7.7 是一个简单的 UDP 应答服务器。同样地，它从 UDP 客户端接收数据并做出应答，也需要 "EthernetInterface" 库和 "mbed-rtos" 库。

示例　7.7

```
#include "mbed.h"
#include "EthernetInterface.h"

#define PORT    7

EthernetInterface eth;
UDPSocket server;
Endpoint client;

int main (void) {
    eth.init();
    eth.connect();
    printf("\nServer IP Address is %s\n", eth.getIPAddress());

    server.bind(PORT);

    char buffer[256];
    while (true) {
        printf("\nWaiting for UDP packet…\n");
        int n = server.receiveFrom(client, buffer, sizeof(buffer));
        buffer[n] = '\0';

        server.sendTo(client, buffer, n);
    }
}
```

示例 7.8 是相应的 UDP 应答客户端。同样地，在这个示例中，需要将 IP 地址 "x.x.x.x" 修改为正确的服务器地址。

示例　7.8

```
#include "mbed.h"
#include "EthernetInterface.h"

const char* SERVER = "x.x.x.x";
const int PORT = 7;

EthernetInterface eth;
UDPSocket sock;
Endpoint echo_server;

int main() {
    eth.init();
    eth.connect();
```

```
    sock.init();
    echo_server.set_address(SERVER, PORT);

    char msg[] = "Hello World";
    sock.sendTo(echo_server, msg, sizeof(msg));

    char buffer[256];
    int n = sock.receiveFrom(echo_server, buffer, sizeof(buffer));

    buffer[n] = '\0';
    printf("Received message from server: '%s'\n", buffer);

    sock.close();
    eth.disconnect();
    while(1) {}
}
```

练习 7.3

更改以上 UDP 客户端 / 服务器程序，使服务器读取数字引脚 D0，并将其值发送到客户端。

更多关于接口的信息

https://docs.mbed.com/docs/mbed-os-api-reference/en/latest/APIs/communication/network_sockets/

7.4　WebSocket

WebSocket 提供网页服务器和网页客户端的全双工双向通信。示例 7.9 是 WebSocket 示例代码，每两秒简单地发送一个"`Hello World`"消息到 WebSocket 应答服务器（`ws://echo. websocket.org`）。

在这个程序中，需要导入三个库：

1）"EthernetInterface"库（https://os.mbed.com/users/mbed_official/code/ EthernetInterface/）。

2）"mbed-rtos"库（https://os.mbed.com/users/mbed_official/code/mbed-rtos/）。

3）"WebSocketClient"库（https://os.mbed.com/users/samux/code/WebSocketClient/）。

示例　7.9

```
#include "mbed.h"
#include "EthernetInterface.h"
#include "Websocket.h"

EthernetInterface eth;

int main() {
    eth.init();
    eth.connect();
```

```
printf("IP Address is %s\n\r", eth.getIPAddress());

Websocket ws("ws://echo.websocket.org");
ws.connect();

while (1) {
    ws.send("Hello World");
    wait(2.0);
}
}
```

练习 7.4

更改以上程序，使其可以连续读取温度传感器的值，并发送到 WebSocket 服务器。

示例 7.10 是修订过的 WebSocket 示例代码，它可以发送一条"Hello World"消息到 WebSocket 应答服务器（`ws://echo.websocket.org`），并获取应答的消息。

示例　7.10

```
#include "mbed.h"
#include "EthernetInterface.h"
#include "Websocket.h"

EthernetInterface eth;

int main()
{

    eth.init();
    eth.connect();

    printf("IP Address: %s\n", eth.getIPAddress());

    Websocket ws("wss://echo.websocket.org");
    ws.connect();

    char str[100];
    sprintf(str, "Hello World");
    ws.send(str);

    memset(str, 0, 100);
    wait(1.0f);

    if (ws.read(str)) {
        printf("rcv'd: %s\n", str);
    }

    ws.close();
    eth.disconnect();

    while(true);
}
```

你也可以用 Python 或 Java 构建你自己的 WebSocket 服务器，如以下 Arm® Mbed™网址中的指南所示（图 7-8 ～图 7-10），https://os.mbed.com/cookbook/Websockets-Server。

图 7-8　Mbed 指南网站上的 WebSocket 服务器页面

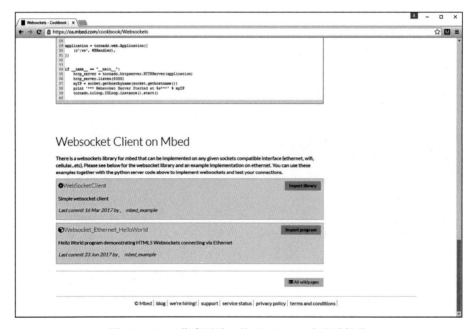

图 7-9　Mbed 指南网站上的 WebSocket 客户端部分

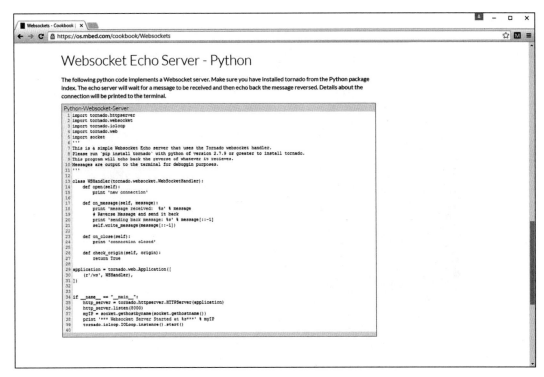

图 7-10　Mbed 指南网站上的 WebSocket 应答服务器

更多关于 WebSocekt 的信息

https://os.mbed.com/cookbook/Websockets

https://os.mbed.com/components/HTML5-Websockets/

https://os.mbed.com/cookbook/Websockets-Server

7.5　WiFi

WiFi 是使 FRDM-K64F 板连接到互联网的另一种方式。在这个示例中，将使用
ESP8266 组件。图 7-11 是引脚连接。

这是一个简单的 WiFi 程序，连接到一个访问点并显示接收到的 IP 地址。在这个程序
中，你需要将（"xxx""ppp"）改为你自己的访问点用户名和密码。代码既可用于 FRDM-
K64F 板，也可用于 LPC 1768 板。你也需要导入"ESP8266"库：https://os.mbed.com/
users/quevedo/code/ESP8266/。

以下是程序的改进版，增加了 ESP8266 WiFi 网络接口，连接到网站。

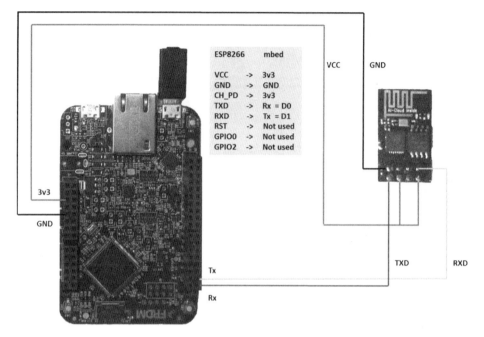

图 7-11   FRDM-K64F 板和 WiFi 组件（ESP8266）的电路示意图

示例   7.11

```
#include "mbed.h"
#include "ESP8266.h"

Serial pc(USBTX,USBRX);
#if defined(TARGET_K64F)
    ESP8266 wifi(PTC17, PTC16, 115200); // 无线网波特率
#elif defined(TARGET_LPC1768)
    ESP8266 wifi(P9, P10, 115200); // 无线网波特率
#endif

char snd[255],rcv[1000];

int main () {

    pc.baud(115200);
    pc.printf("SET mode to AP\r\n");
    wifi.SetMode(1);      // 设置 ESP 模式为 1
    wifi.RcvReply(rcv, 1000);    //从 ESP 接收一个响应
    pc.printf("%s",rcv);     //输出响应到屏幕
    pc.printf("Connecting to AP\r\n");
    wifi.Join("xxx", "ppp");     // 无线用户名和密码
    wifi.RcvReply(rcv, 1000);     //从 EPS 接收一个响应
    pc.printf("%s", rcv);     //输出响应到屏幕
    wait(8);     //等待 ESP 响应
    pc.printf("Getting IP\r\n");     //从所连接的 AP 获取 IP 地址
    wifi.GetIP(rcv);     //从 AP 接收一个 IP 地址
```

```
    pc.printf("%s", rcv);

    while (1) {

    }//While
} //main
```

示例　7.12

```
#include "mbed.h"
#include "ESP8266.h"
#include "EthernetInterface.h"
#include "HTTPClient.h"

Serial pc(USBTX,USBRX);
#if defined(TARGET_K64F)
    ESP8266 wifi(PTC17, PTC16, 115200); // 无线网波特率
#elif defined(TARGET_LPC1768)
    ESP8266 wifi(P9, P10, 115200); // 无线网波特率
#endif

char snd[255],rcv[1000];

void getpage(void);
HTTPClient http;

int main () {

    pc.baud(115200);
    pc.printf("SET mode to AP\r\n");
    wifi.SetMode(1);      // 设置 ESP 模式为 1
    wifi.RcvReply(rcv, 1000);      //从 ESP 接收一个响应
    pc.printf("%s",rcv);      //输出响应到屏幕
    pc.printf("Connecting to AP\r\n");
    wifi.Join("xxx", "ppp");      // 你的 wifi 用户名和密码
    wifi.RcvReply(rcv, 1000);      // 从 ESP 接收一个响应
    pc.printf("%s", rcv);      //输出响应到屏幕
    wait(8);      //从 ESP 接收一个响应
    pc.printf("Getting IP\r\n");      //从所接收的 AP 获取 IP 地址
    wifi.GetIP(rcv);      //从 AP 接收一个 IP 地址
    pc.printf("%s", rcv);
    getpage();

    while (1) {

    }//While
} //main

void getpage()
{
    TCPSocketConnection sock;
    sock.connect("www.google.co.uk", 80);

    char request[] = "GET / HTTP/1.0\n\n";
    sock.send_all(request, sizeof(request)-1);
```

```
char buffer[1024];
int ret;
while (true) {
    ret = sock.receive(buffer, sizeof(buffer)-1);
    if (ret <= 0)
        break;
    buffer[ret] = '\0';
    printf("Received %d chars from server:\n%s\n", ret, buffer);
}

sock.close();
}
```

练习 7.5

更改以上程序，使其可发送"`Hello World`"到 WebSocket 服务器。

更多关于 WiFi 的信息

https://docs.mbed.com/docs/mbed-os-api-reference/en/latest/APIs/communication/wifi/

https://os.mbed.com/users/4180_1/notebook/using-the-esp8266-with-the-mbedlpc1768/

https://os.mbed.com/teams/ESP8266/code/mbed-os-example-esp8266/

https://github.com/armmbed/esp8266-driver/

https://os.mbed.com/teams/ESP8266/code/ESP8266_MQTT_HelloWorld/

7.6　小结

本章介绍了网络和通信设备，包括以太网、网页客户端、网页服务器、TCP 和 UDP 接口、WebSocket 和 WiFi。

数字信号处理和控制

我没有失败。我只是发现了 10 000 种行不通的方法。

———托马斯·爱迪生

信号处理对于很多应用来说非常重要。随着现代计算机功能不断强大，许多信号处理函数可实现数字化。本章将介绍如何使用 Arm® Mbed ™ -DSP 库（https://developer.mbed. org/ users/mbed_official/code/mbed-dsp/）进行数字信号处理和控制。

8.1　低通滤波器

在 Arm® Mbed ™网站上有一个非常好的指南，指导大家如何设计和应用低通有限脉冲响应（FIR）滤波器。我们将主要借鉴该指南并将其扩展到高通滤波器和带通 / 带阻滤波器。

https://os.mbed.com/handbook/Matlab-FIR-Filter。

首先，我们需要用 MATLAB 软件（www.mathworks.com）创建一个数字滤波器。数字滤波器设计涉及复杂的数学。MATLAB 有一个信号处理工具箱，可使数字滤波器设计变得更简单。有限脉冲响应（FIR）滤波器和无限脉冲响应（IIR）滤波器是常用的数字滤波器。这里用 FIR 滤波器，因为它无须反馈回路，因此更稳定。

示例 8.1 是 MATLAB 代码（源于 https://os.mbed.com/handbook/ Matlab-FIR-Filter），用"fir1"函数创建一个低通滤波器，采样率为 48 000 Hz，奈奎斯特频率为采样率的一半，即 24 000 Hz，截止频率为 6000 Hz。"fir1"函数在标准频率范围（0 ～ 1）内创建一个 28 阶数字滤波器，1 代表奈奎斯特频率，即 24 000 Hz。因此，标准的截止频率为 6000 / 24 000 =1/4，或 0.25。

示例　8.1

```
%Modified from https://os.mbed.com/handbook/Matlab-FIR-Filter

sample_rate = 48000;

% Choose filter cutoff frequency (6 kHz)
cutoff_hz = 6000;
```

```
% Normalize cutoff frequency (wrt Nyquist frequency)
nyq_freq = sample_rate / 2;
cutoff_norm = cutoff_hz / nyq_freq;

% FIR filter order (i.e., number of coefficients - 1)
order = 28;

% Create lowpass FIR filter
fir_coeff = fir1(order, cutoff_norm);

% Analyze the filter using the Filter Visualization Tool
fvtool(fir_coeff, 'Fs', sample_rate)
```

图 8-1 是 FIR 低通滤波器及其 29 个系数（阶数 +1）。现在我们可以在 Mbed 程序中用这些系数执行低通数字滤波器。

```
fir_coeff =
-0.0018 -0.0016 0.0000  0.0037  0.0081  0.0085 -0.0000 -0.0174
-0.0341 -0.0334 0.0000  0.0676  0.1522  0.2229  0.2505  0.2229
 0.1522  0.0676 0.0000 -0.0334 -0.0341 -0.0174 -0.0000  0.0085
 0.0081  0.0037 0.0000 -0.0016 -0.0018
```

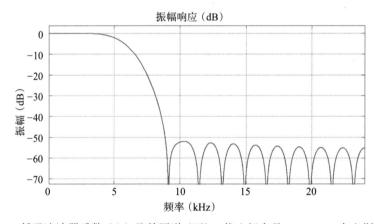

图 8-1　FIR 低通滤波器系数（上）及其图谱（下）。截止频率是 6000 Hz，奈奎斯特频率是 24 000 Hz

示例 8.2 是使用上面 FIR 低通滤波器系数的 Mbed 示例。它首先生成一个混合信号（32 × 20 点）、1000 Hz 正弦波和 15 000 Hz 正弦波，然后用 FIR 低通滤波器过滤掉 15 000 Hz，最后通过虚拟的 COM 端口将原始信号和滤过的信号输出到计算机。在图 8-2 中，滤过的信号上调了 3V，这样我们就可以分别观察这两个信号。

在这个程序中，需要 mbed-DSP 库：https://os.mbed.com/users/mbed_official/code/mbed-dsp/。

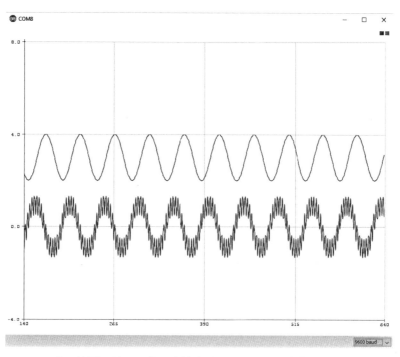

图 8-2 Arduino 串口绘图工具显示的程序输出（下面是原始混合信号，上面是滤过的信号）

示例 8.2

```
//从 https://os.mbed.com/handbook/Matlab-FIR-Filter 更改

#include "mbed.h"
#include "dsp.h"

#define BLOCK_SIZE              (32)
#define NUM_BLOCKS              (20)
#define TEST_LENGTH_SAMPLES     (BLOCK_SIZE * NUM_BLOCKS)
#define SAMPLE_RATE             (48000)

float32_t expected_output[TEST_LENGTH_SAMPLES];
float32_t            output[TEST_LENGTH_SAMPLES];

#define NUM_TAPS          29
/* FIR Coefficients buffer generated using fir1() MATLAB function:
fir1(28, 6/24) */
//低通滤波器系数
const float32_t firCoeffs32[NUM_TAPS] = {
 -0.0018225230f, -0.0015879294f, +0.0000000000f, +0.0036977508f, +0.0080754303f,
 +0.0085302217f, -0.0000000000f, -0.0173976984f, -0.0341458607f, -0.0333591565f,
 +0.0000000000f, +0.0676308395f, +0.1522061835f, +0.2229246956f, +0.2504960933f,
 +0.2229246956f, +0.1522061835f, +0.0676308395f, +0.0000000000f, -0.0333591565f,
 -0.0341458607f, -0.0173976984f, -0.0000000000f, +0.0085302217f, +0.0080754303f,
 +0.0036977508f, +0.0000000000f, -0.0015879294f, -0.0018225230f
};
```

```
int main() {
    Sine_f32 sine_1KHz(  1000, SAMPLE_RATE, 1.0);
    Sine_f32 sine_15KHz(15000, SAMPLE_RATE, 0.5);
    FIR_f32<NUM_TAPS> fir(firCoeffs32);

    float32_t buffer_a[BLOCK_SIZE];
    float32_t buffer_b[BLOCK_SIZE];
    for (float32_t *sgn=output; sgn<(output+TEST_LENGTH_SAMPLES);
sgn += BLOCK_SIZE) {
        sine_1KHz.generate(buffer_a);          // 生成一个 1 KHz 正弦波
        sine_15KHz.process(buffer_a, buffer_b); // 增加一个 15 KHz 正弦波
        fir.process(buffer_b, sgn);            // FIR 低通滤波器：截止频率为6 KHz
        for (int i=0;i<BLOCK_SIZE;i++)
        {
printf("%0.3f\t%0.3f\t%0.3f\n\r",buffer_a[i],(buffer_b[i]+3),(sgn[i]+6));
        }
    }

}
```

图 8-2 是 Arduino 串口绘图工具显示的程序输出，下面是原始混合信号，上面是滤过的信号。我们可以看到，过滤后只留下了 1000 Hz 的信号。

8.2　高通滤波器

同样地，我们也可以执行高通滤波器。你只需要更改示例 8.1 中的 MATLAB 代码，并将"**fir1**"函数行由

```
fir_coeff = fir1(order, cutoff_norm);
```

改为

```
fir_coeff = fir1(order, cutoff_norm, 'high');
```

图 8-3 是相应的 FIR 高通滤波器及其 29 个系数（阶数 +1）。现在可以用 Mbed 程序中的这些系数执行一个低通数字滤波器。

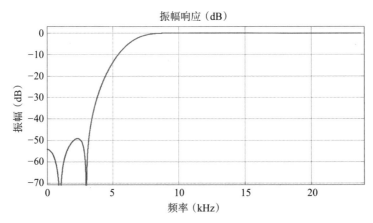

图 8-3　FIR 高通滤波器系数（上）及其图谱（下）。截止频率是 6000 Hz，奈奎斯特频率是 24 000 Hz

```
fir_coeff =
0.0018   0.0016   -0.0000   -0.0037   -0.0080   -0.0085   -0.0000   0.0173
0.0340   0.0332   -0.0000   -0.0674   -0.1516   -0.2221   0.7487   -0.2221
-0.1516  -0.0674  -0.0000   0.0332    0.0340    0.0173    -0.0000   -0.0085
-0.0080  -0.0037  -0.0000   0.0016    0.0018
```

更改示例 8.2，将 FIR 系数改为新的值，如示例 8.3 所示。

示例　8.3

```
//从 https://os.mbed.com/handbook/Matlab-FIR-Filter 更改

#include "mbed.h"
#include "dsp.h"

#define BLOCK_SIZE              (32)
#define NUM_BLOCKS              (20)
#define TEST_LENGTH_SAMPLES     (BLOCK_SIZE * NUM_BLOCKS)

#define SAMPLE_RATE             (48000)

float32_t expected_output[TEST_LENGTH_SAMPLES];
float32_t          output[TEST_LENGTH_SAMPLES];

#define NUM_TAPS            29
/* FIR Coefficients buffer generated using fir1() MATLAB function:
fir1(28, 6/24,'high') */
//高通滤波器系数
const float32_t firCoeffs32[NUM_TAPS] = {
  0.0018f,    0.0016f,   -0.0000f,   -0.0037f,   -0.0080f,   -0.0085f,
 -0.0000f,    0.0173f,    0.0340f,    0.0332f,   -0.0000f,   -0.0674f,
 -0.1516f,   -0.2221f,    0.7487f,   -0.2221f,   -0.1516f,   -0.0674f,
 -0.0000f,    0.0332f,    0.0340f,    0.0173f,   -0.0000f,   -0.0085f,
 -0.0080f,   -0.0037f,   -0.0000f,    0.0016f,    0.0018f
};

int main() {
   Sine_f32 sine_1KHz(  1000, SAMPLE_RATE, 1.0);
   Sine_f32 sine_15KHz(15000, SAMPLE_RATE, 0.5);
   FIR_f32<NUM_TAPS> fir(firCoeffs32);

   float32_t buffer_a[BLOCK_SIZE];
   float32_t buffer_b[BLOCK_SIZE];
   for(float32_t *sgn=output; sgn<(output+TEST_LENGTH_SAMPLES); sgn +=
BLOCK_SIZE)
  {
     sine_1KHz.generate(buffer_a);        // 生成一个 1 KHz 正弦波
     sine_15KHz.process(buffer_a, buffer_b); // 增加一个 15 KHz 正弦波
     fir.process(buffer_b, sgn);       // FIR 低通滤波器：截止频率为 6 KHz
     for (int i=0;i<BLOCK_SIZE;i++)
     {
        printf("%0.3f\t%0.3f\t%0.3f\n\r",buffer_a[i],(buffer_b[i]+3),
(sgn[i]+6));
     }
  }

}
```

图 8-4 是 Arduino 串口绘图工具显示的程序输出，下面是原始混合信号，上面是滤过的信号。这次可以看到，过滤后只留下了 15 000 Hz 的信号。

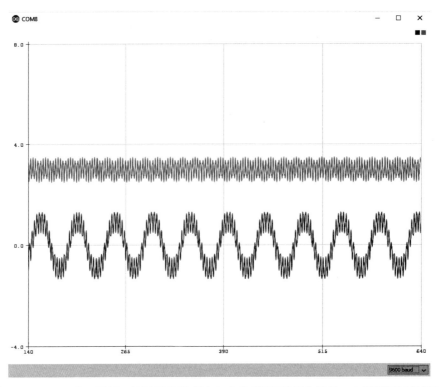

图 8-4 Arduino 串口绘图工具显示的程序输出（下面是原始混合信号，上面是滤过的信号）

8.3 带通滤波器

对于带通滤波器，更改示例 8.1 中的 MATLAB 代码，将"**fir1**"函数行由

```
fir_coeff = fir1(order, cutoff_norm);
```

改为

```
fir_coeff = fir1(order, [0.5 0.7]);
```

在这个示例中，只有在 0.5 × 24 000（12 000 Hz）到 0.7 × 24 000（16 800 Hz）范围内的频率可以通过，其他频率被阻止。图 8-5 是相应的 FIR 带通滤波器及其 29 个系数（阶数 +1）。现在可以用 Mbed 程序中的这些系数来执行一个带通数字滤波器。

```
fir_coeff =
-0.0011  -0.0030   0.0033    0.0010    0.0000   -0.0024  -0.0171   0.0332
 0.0207  -0.0974   0.0400    0.1292   -0.1494   -0.0622   0.2069  -0.0622
-0.1494   0.1292   0.0400   -0.0974    0.0207    0.0332  -0.0171  -0.0024
 0.0000   0.0010   0.0033   -0.0030   -0.0011
```

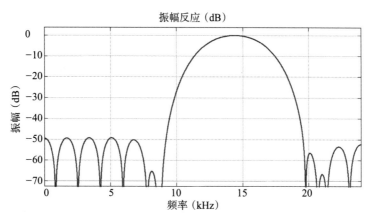

图 8-5 FIR 带通滤波器（12 000 Hz 到 16 800 Hz）系数（上）及其图谱（下）

更改示例 8.2，将 FIR 系数改为新的值，如示例 8.4 所示。

示例 8.4

```
//从 https://os.mbed.com/handbook/Matlab-FIR-Filter 更改

#include "mbed.h"
#include "dsp.h"

#define BLOCK_SIZE              (32)
#define NUM_BLOCKS             (20)
#define TEST_LENGTH_SAMPLES    (BLOCK_SIZE * NUM_BLOCKS)
#define SAMPLE_RATE            (48000)


float32_t expected_output[TEST_LENGTH_SAMPLES];
float32_t            output[TEST_LENGTH_SAMPLES];

#define NUM_TAPS           29
/* FIR Coefficients buffer generated using fir1() MATLAB function:
fir1(28, [0.5 0.7]) */
//band-pass filter coefficients
const float32_t firCoeffs32[NUM_TAPS] = {
-0.0011f, -0.0030f, 0.0033f, 0.0010f, 0.0000f, -0.0024f, -0.0171f, 0.0332f,
0.0207f, -0.0974f, 0.0400f, 0.1292f, -0.1494f, -0.0622f, 0.2069f, -0.0622f,
-0.1494f, 0.1292f, 0.0400f, -0.0974f, 0.0207f, 0.0332f, -0.0171f, -0.0024f,
0.0000f, 0.0010f, 0.0033f, -0.0030f, -0.0011f,
};
int main() {
  Sine_f32 sine_1KHz(  1000, SAMPLE_RATE, 1.0);
  Sine_f32 sine_15KHz(15000, SAMPLE_RATE, 0.5);
  FIR_f32<NUM_TAPS> fir(firCoeffs32);

  float32_t buffer_a[BLOCK_SIZE];
  float32_t buffer_b[BLOCK_SIZE];
  for(float32_t *sgn=output; sgn<(output+TEST_LENGTH_SAMPLES); sgn
+= BLOCK_SIZE)
```

```
    {
      sine_1KHz.generate(buffer_a);          // 生成一个 1 KHz 正弦波
      sine_15KHz.process(buffer_a, buffer_b); // 增加一个 15 KHz 正弦波
      fir.process(buffer_b, sgn);    // FIR 低通滤波器: 截止频率为 6 KHz
      for (int i=0;i<BLOCK_SIZE;i++)
      {
        printf("%0.3f\t%0.3f\t%0.3f\n\r",buffer_a[i],(buffer_b[i]+3),
(sgn[i]+6));
      }
    }

}
```

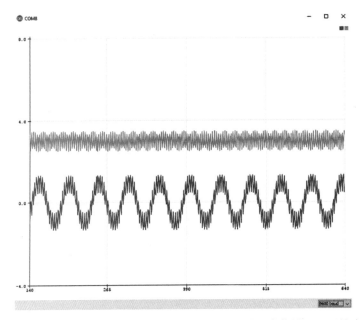

图 8-6   Arduino 串口绘图工具显示的程序输出（下面是原始混合信号，上面是滤过的信号）

图 8-6 是 Arduino 串口绘图工具显示的程序输出，下面是原始混合信号，上面是滤过的信号。这次可以看到，通过带通滤波器过滤后，只留下了 15 000 Hz 的信号。

8.4   带阻滤波器和陷波滤波器

对于带阻滤波器，更改示例 8.1 中的 MATLAB 代码，将"**fir1**"函数行由

```
fir_coeff = fir1(order, cutoff_norm);
```

改为

```
fir_coeff = fir1(order, [0.5 0.7],'stop');
```

在这个示例中，只有在 $0.5 \times 24\,000$（12 000 Hz）到 $0.7 \times 24\,000$（16 800 Hz）范围内的频率可以通过，其他频率被阻止。当带宽变得足够窄时，带阻滤波器就变为陷波滤波器。图 8-7 是相应的 FIR 带阻滤波器及其 29 个系数，可在 Mbed 程序中用以执行带阻数字滤波器。

```
fir_coeff =
 0.0011   0.0029   -0.0032   -0.0010   -0.0000   0.0023   0.0165   -0.0320
-0.0200   0.0939   -0.0385   -0.1245   0.1440    0.0599   0.7974   0.0599
 0.1440  -0.1245   -0.0385   0.0939   -0.0200   -0.0320   0.0165   0.0023
-0.0000  -0.0010   -0.0032   0.0029    0.0011
```

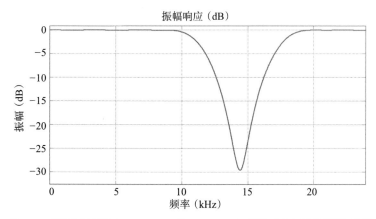

图 8-7　带阻滤波器（12 000 Hz 到 16 800 Hz）系数（上）及其图谱（下）

更改示例 8.2，将 FIR 系数改为新的值，如示例 8.5 所示。

示例　8.5

```
//从 https://os.mbed.com/handbook/Matlab-FIR-Filter更改
#include "mbed.h"
#include "dsp.h"

#define BLOCK_SIZE              (32)
#define NUM_BLOCKS              (20)
#define TEST_LENGTH_SAMPLES     (BLOCK_SIZE * NUM_BLOCKS)

#define SAMPLE_RATE             (48000)

float32_t expected_output[TEST_LENGTH_SAMPLES];
float32_t              output[TEST_LENGTH_SAMPLES];

#define NUM_TAPS         29
/* FIR Coefficients buffer generated using fir1() MATLAB function:
fir1(28, [0.5 0.7],'stop'); */
//带阻滤波器系数
const float32_t firCoeffs32[NUM_TAPS] = {
0.0011f, 0.0029f, -0.0032f, -0.0010f, -0.0000f, 0.0023f, 0.0165f, -0.0320f,
-0.0200f, 0.0939f, -0.0385f, -0.1245f, 0.1440f, 0.0599f, 0.7974f, 0.0599f,
0.1440f, -0.1245f, -0.0385f, 0.0939f, -0.0200f, -0.0320f, 0.0165f, 0.0023f,
-0.0000f, -0.0010f, -0.0032f, 0.0029f,  0.0011f,
};
```

```
int main() {
    Sine_f32 sine_1KHz(  1000, SAMPLE_RATE, 1.0);
    Sine_f32 sine_15KHz(15000, SAMPLE_RATE, 0.5);
    FIR_f32<NUM_TAPS> fir(firCoeffs32);

    float32_t buffer_a[BLOCK_SIZE];
    float32_t buffer_b[BLOCK_SIZE];
    for(float32_t *sgn=output; sgn<(output+TEST_LENGTH_SAMPLES); sgn
    += BLOCK_SIZE)
    {
        sine_1KHz.generate(buffer_a);        // 生成一个 1 KHz 正弦波
        sine_15KHz.process(buffer_a, buffer_b); // 增加一个 15 KHz 正弦波
        fir.process(buffer_b, sgn);          // 低通滤波器: 截止频率 6 KHz
        for (int i=0;i<BLOCK_SIZE;i++)
        {
            printf("%0.3f\t%0.3f\t%0.3f\n\r",buffer_a[i],(buffer_b[i]+3),
(sgn[i]+6));
        }
    }

}
```

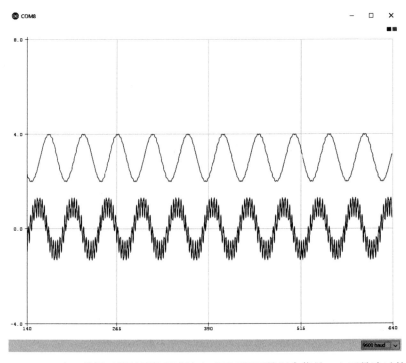

图 8-8　Arduino 串口绘图工具显示的程序输出（下面是原始混合信号，上面是滤过的信号）

　　图 8-8 是 Arduino 串口绘图工具显示的程序输出，下面是原始混合信号，上面是滤过的信号。可以看到，过滤后，15 000 Hz 的信号被阻止，只留下了 1000 Hz 的信号。

更多关于数字滤波器的信息

http://uk.mathworks.com/help/signal/ref/fir1.html

https://en.wikipedia.org/wiki/Digital_filter

8.5　快速傅里叶变换

快速傅里叶变换（FFT）和反向 FFT 有许多重要的应用。本节我们将介绍如何用 Mbed-DSP 库执行 FFT 和反向 FFT：https://os.mbed.com/users/mbed_official/code/mbed-dsp/。

示例 8.6 展示了如何用 "arm_cfft_f32()" 执行复杂的 FFT。"arm_cfft_f32()" 函数只可用于长度为 [16，32，64，…，4096] 的数据，但既可用于 FFT，也可用于反向 FFT。关于函数详情请参见 Mbed-DSP 库。

```
arm_cfft_f32(S, samples, 0, 1);                //FFT
arm_cfft_f32(S, samples, 1, 1);                //Inverse FFT
```

程序首先按照 FFT 长度（FFT_LEN）创建并初始化复杂 FFT 实例，在这个例子中是 512 个点，然后用 "sin()" 函数（30 Hz 和 100 Hz）生成一个混频信号，采样时间为 dt=0.001s，因此，采样频率为 Fmax=1/dt=1000 Hz，奈奎斯特频率为 Fmax/2=500 Hz。由于我们想用真实信号，因此设置虚部为 0。同时，它也通过虚拟 COM 输出原始混合信号到计算机，然后程序停止 5s，最后调用 "arm_cfft_f32()" 执行复杂 FFT，用 "arm_cmplx_mag_f32()" 计算变换后的信号强度，并通过虚拟 COM 输出 FFT 变换信号的强度到计算机。

示例　8.6

```
#include "mbed.h"
#include "arm_const_structs.h"

const int FFT_LEN   = 512;

const static arm_cfft_instance_f32 *S;

float samples[FFT_LEN*2];
float magnitudes[FFT_LEN];

int main()
{
  int32_t i = 0;

  // 初始 arm_ccft_32
  switch (FFT_LEN)
  {
  case 16:
      S = & arm_cfft_sR_f32_len16;
      break;
  case 32:
      S = & arm_cfft_sR_f32_len32;
      break;
```

```
case 64:
    S = & arm_cfft_sR_f32_len64;
    break;
case 128:
    S = & arm_cfft_sR_f32_len128;
    break;
case 256:
    S = & arm_cfft_sR_f32_len256;
    break;
case 512:
    S = & arm_cfft_sR_f32_len512;
    break;
case 1024:
    S = & arm_cfft_sR_f32_len1024;
    break;
case 2048:
    S = & arm_cfft_sR_f32_len2048;
    break;
case 4096:
    S = & arm_cfft_sR_f32_len4096;
    break;
}
double dt=0.001;        //时间间隔
double f1=30;           //频率 1
double f2=100;          //频率 2

for(i = 0; i< FFT_LEN*2; i+=2)
{
  samples[i] = sin(2*3.1415926*f1*dt*i) + 0.5*sin(2*3.1415926*f2*dt*i) ;
  samples[i+1]  = 0;
  printf("%f\r\n",samples[i] );
}
wait(5);

arm_cfft_f32(S, samples, 0, 1);                    //FFT
arm_cmplx_mag_f32(samples, magnitudes, FFT_LEN);   //FFT Magnitudes

for(i = 0; i< FFT_LEN/2; i++)
{
    printf("%f\r\n",magnitudes[i]);
}

while(1)
{

}
}
```

　　我们也可以用 Arduino 串口绘图工具查看结果。如图 8-9 所示，上面是混合原始信号，下面是 FFT 变换后相应的信号强度。由于 FFT 变换后的信号始终包含前后互为镜像的重复峰值，因此我们只需看所绘图形的前半部分，即可清楚地看到两个频率峰值（30 Hz 和 100 Hz），峰值与原始信号幅度也是成比例的（1.0 和 0.5）。

　　FFT 的一个非常有趣的应用是，我们可以更改 FFT 变换后的信号，如用一个低通滤波器或高通滤波器，执行反向 FFT。在示例 8.7 中，经 FFT 过滤后，低频部分（<50Hz）由于被设为 0 而删除，这相当于应用高通滤波器。然后，用"`arm_cfft_f32`"(S, samples,1,1)"执行反向 FFT。

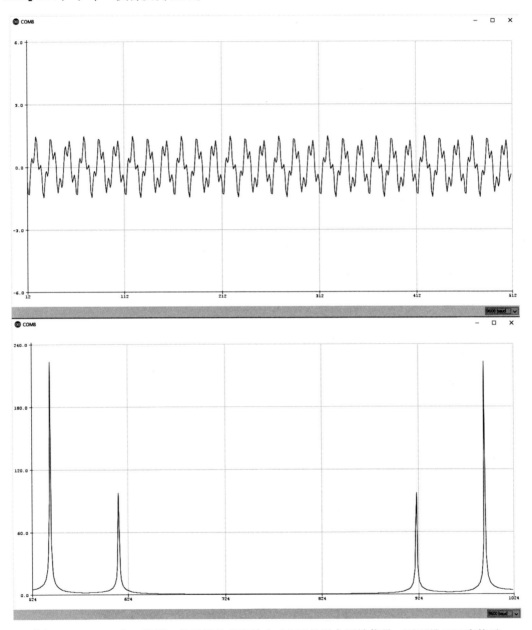

图 8-9　Arduino 串口绘图工具显示的程序输出（上面是混合原始信号，下面是 FFT 变换后相应的信号强度）

示例 8.7

```
#include "mbed.h"
#include "arm_const_structs.h"

const int FFT_LEN   = 512;

const static arm_cfft_instance_f32 *S;

float samples[FFT_LEN*2];
float magnitudes[FFT_LEN];

int main()
{
  int32_t i = 0;

  // 初始 arm_ccft_32
  switch (FFT_LEN)
  {
  case 16:
      S = & arm_cfft_sR_f32_len16;
      break;
  case 32:
      S = & arm_cfft_sR_f32_len32;
      break;
  case 64:
      S = & arm_cfft_sR_f32_len64;
      break;
  case 128:
      S = & arm_cfft_sR_f32_len128;
      break;
  case 256:
      S = & arm_cfft_sR_f32_len256;
      break;
  case 512:
      S = & arm_cfft_sR_f32_len512;
      break;
  case 1024:
      S = & arm_cfft_sR_f32_len1024;
      break;
  case 2048:
      S = & arm_cfft_sR_f32_len2048;
      break;
  case 4096:
      S = & arm_cfft_sR_f32_len4096;
      break;
  }

  double dt=0.001;    //时间间隔
  double f1=30;       //频率 1
  double f2=100;      //频率 2

  for(i = 0; i< FFT_LEN*2; i+=2)
  {
    samples[i] = sin(2*3.1415926*f1*dt*i) + 0.5*sin(2*3.1415926*f2*dt*i) ;
    samples[i+1] = 0;
    printf("%f\r\n",samples[i] );
```

```
                                                                        }
                                                                        wait(5);

    arm_cfft_f32(S, samples, 0, 1);                         //FFT
    arm_cmplx_mag_f32(samples, magnitudes, FFT_LEN);        //FFT 强度

    for(i = 0; i< FFT_LEN; i++)
    {
        printf("%f\r\n",magnitudes[i]);
    }
                                                                        wait(5);

    double Fmax=1/dt;                           //最大频率
    double df=Fmax/(FFT_LEN*2);                 //三角频率
    double Fcut=50/df;                          //将截止频率设置为 50 Hz

    //高通滤波器
    for(i = 0; i< FFT_LEN*2; i+=2)    //设置频率为0到50 Hz之间
    {
        if ((i<Fcut*2)||(i>(FFT_LEN*2-Fcut*2))){
            samples[i]      = 0 ;
            samples[i+1]    = 0;
        }
    }

    arm_cmplx_mag_f32(samples, magnitudes, FFT_LEN);   //FFT 强度

    for(i = 0; i< FFT_LEN; i++)
    {
        printf("%f\r\n",magnitudes[i]);
    }
                                                                        wait(5);
    arm_cfft_f32(S, samples, 1, 1);                             //反向 FFT
    for(i = 0; i< FFT_LEN*2; i+=2)
      {
        printf("%f\r\n",samples[i] );
      }
                                                                        while(1)
                                                                        {

                                                                        }
                                                                      }
```

图 8-10 和图 8-11 是程序相应的四个结果输出。每个输出之间有 5s 延迟。图 8-10（上）是原始混合频率信号，图 8-10（下）是其相应的 FFT 频域信号。图 8-11（上）是 FFT 频域信号，低频部分（<50 Hz）已被删除。图 8-11（下）是相应的反向 FFT 信号。我们可以看到，重构信号中只留下了高频部分。

相似地，我们也可以用 FFT 执行一个低频滤波器。在示例 8.8 中，经 FFT 过滤后，高频部分（>50 Hz）被设置为 0 而删除。这相当于应用一个低通滤波器，然后用 "arm_cfft_f32(S, samples, 1, 1)" 函数执行反向 FFT。

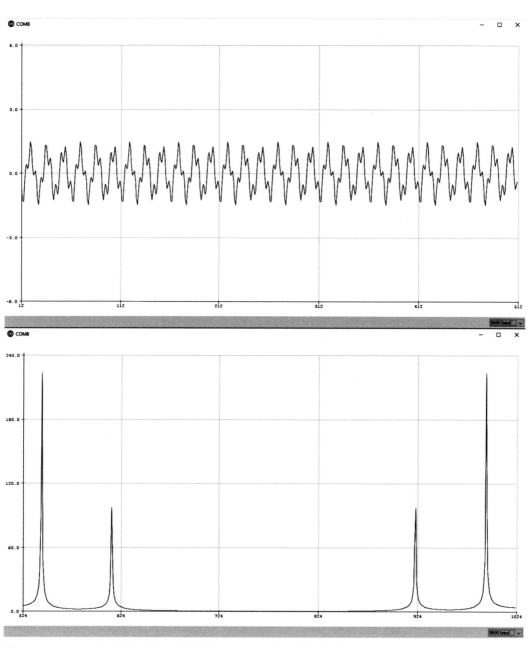

图 8-10 Arduino 串口绘图工具显示的程序输出（上面是原始混合信号，下面是 FFT 变换后相应的信号强度）

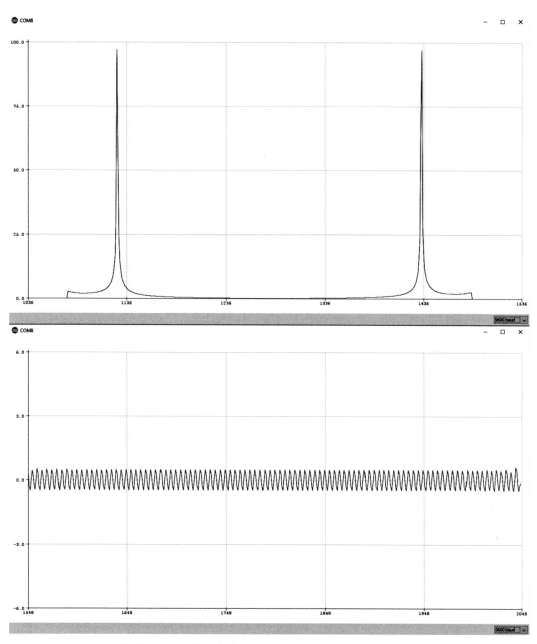

图 8-11　Arduino 串口绘图工具显示的程序输出（上面是高通过滤的 FFT 频率信号，下面是相应的反向 FFT 信号）

示例 8.8

```
#include "mbed.h"
#include "arm_const_structs.h"

const int FFT_LEN   = 512;

const static arm_cfft_instance_f32 *S;

float samples[FFT_LEN*2];
float magnitudes[FFT_LEN];

int main()
{
  int32_t i = 0;

  // 初始 arm_ccft_32
  switch (FFT_LEN)
  {
  case 16:
      S = & arm_cfft_sR_f32_len16;
      break;
  case 32:
      S = & arm_cfft_sR_f32_len32;
      break;
  case 64:
      S = & arm_cfft_sR_f32_len64;
      break;
  case 128:
      S = & arm_cfft_sR_f32_len128;
      break;
  case 256:
      S = & arm_cfft_sR_f32_len256;
      break;
  case 512:
      S = & arm_cfft_sR_f32_len512;
      break;
  case 1024:
      S = & arm_cfft_sR_f32_len1024;
      break;
  case 2048:
      S = & arm_cfft_sR_f32_len2048;
      break;
  case 4096:
      S = & arm_cfft_sR_f32_len4096;
      break;
  }
  double dt=0.001;      //时间间隔
  double f1=30;         //频率 1
  double f2=100;        //频率 2

  for(i = 0; i< FFT_LEN*2; i+=2)
  {
    samples[i] = sin(2*3.1415926*f1*dt*i) + 0.5*sin(2*3.1415926*f2*dt*i) ;
    samples[i+1] = 0;
    printf("%f\r\n",samples[i] );
  }
```

```
wait(5);
```

```
arm_cfft_f32(S, samples, 0, 1);                        //FFT
arm_cmplx_mag_f32(samples, magnitudes, FFT_LEN);    //FFT 强度

for(i = 0; i< FFT_LEN; i++)
{
    printf("%f\r\n",magnitudes[i]);
}
```
```
wait(5);
double Fmax=1/dt;                                  //最大频率
double df=Fmax/(FFT_LEN*2);                      //三角频率
double Fcut=50/df;                         //将截止频率设置为 50 Hz
```

```
//low-pass filter
for(i = 0; i< FFT_LEN*2; i+=2)         //设置频率为0到50Hz之间
{
  if ((((i>Fcut*2)&&(i<FFT_LEN))||(((i>FFT_LEN) &&(i<(FFT_LEN*2-Fcut*2))))))
  {
        samples[i]        = 0 ;
        samples[i+1]      = 0;
  }
}
```

```
arm_cmplx_mag_f32(samples, magnitudes, FFT_LEN);    //FFT 强度

for(i = 0; i< FFT_LEN; i++)
{
    printf("%f\r\n",magnitudes[i]);
}
```
```
wait(5);
```
```
arm_cfft_f32(S, samples, 1, 1);                        //反向 FFT
for(i = 0; i< FFT_LEN*2; i+=2)
{
    printf("%f\r\n",samples[i] );
}
```
```
while(1)
{

}
}
```

图 8-12（上）是 FFT 频域信号，高频部分（>50 Hz）被删除。图 8-12（下）是相应的反向 FFT 信号。可以看到，在重构信号中只留下了低频部分。

更多关于 FFT 的信息

https://os.mbed.com/users/jcobb/code/audio_FFT/file/5b7b619f59cd/main.cpp/

https://os.mbed.com/users/tony1tf/code/KL25Z_FFT_Demo_tony/file/b8c9dffbbe7e/main.cpp/

https://os.mbed.com/users/cpm219/code/fft_test_k22f/

http://paulbourke.net/miscellaneous/dft/

https://rosettacode.org/wiki/Fast_Fourier_transform

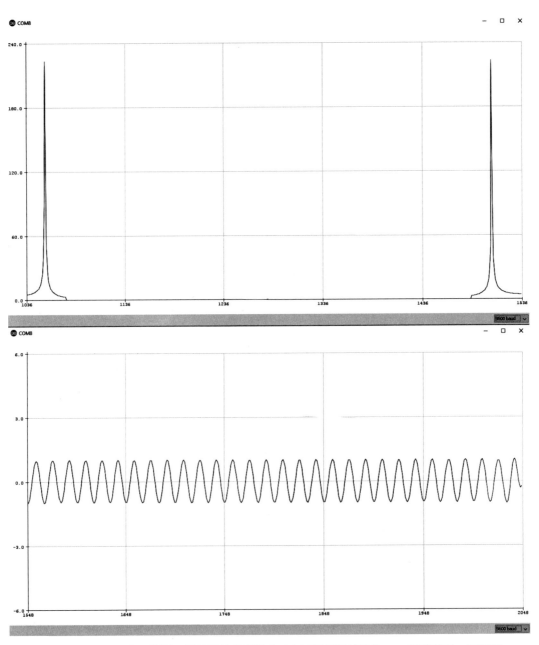

图 8-12 Arduino 串口绘图工具显示的程序输出（上面是低通过滤的 FFT 频率信号，下面是相应的反向 FFT 信号）

8.6　比例积分微分控制器

比例积分微分（PID）控制器是最常用的控制器之一。它是一个闭环控制器，可用于很多控制系统，如温度控制、巡航控制等。PID 控制器可连续计算误差值 $e(t)$，即所期望的设定点与所测量的过程变量之间的差值，并基于比例、积分和微分项应用一个校正值，如以下公式中所示：

$$e(t) = 设定点 - 过程变量$$

$$u(t) = K_p e(t) + K_i \int_0^t e(\tau) \mathrm{d}t + K_d \frac{\mathrm{d}e(t)}{\mathrm{d}t} \qquad 公式（8.1）$$

其中，K_p、K_i 和 K_d 是比例、积分和微分项系数，$u(t)$ 是应用于系统的校正值。

在 Arm® Mbed ™上有很多方法可执行 PID 控制器，最简单的方法是用 Mbed-DSP 库：https://os.mbed.com/users/mbed_official/code/mbed - dsp/。

在示例 8.9 中，变量 set_point 是期望值，变量 pv 是测量的过程变量，变量 u 是 PWM 输出引脚的相应校正值。在这个例子中，变量 pv 连接到一个模拟输入引脚，用一个电位计改变变量 pv 的值，然后 pv 值和 u 值输出到虚拟 COM 端口。（2+u）将 u 值上调 2V，有利于分别查看 pv 图和 u 图。

示例　8.9

```
#include "mbed.h"
#include "dsp.h"

#if defined(TARGET_K64F)
    AnalogIn pv(A0);
    PwmOut u(D9);
#elif defined(TARGET_LPC1768)
    AnalogIn pv(p19);
    PwmOut u(p21);
#endif
Serial pc(USBTX, USBRX);

arm_pid_instance_f32 pid;
float set_point = 0.8;

int main()
{
    //Set the initial duty cycle to 0%
    u = 0.0;

    //初始化PID实例结构
    pid.Kp = 1.0;
    pid.Ki = 0.002;
    pid.Kd = 5.0;
    arm_pid_init_f32(&pid, 1);


    while(1) {
        float out = arm_pid_f32(&pid, set_point - pv.read());
```

```
//输出范围界限
if (out < 0.0)
    out = 0.0;
else if (out >= 1.0)
    out = 1.0;

//设置新的输出工作周期
u = out;
pc.printf("%0.3f\t%0.3f\n\r",pv.read(), (2+u));
wait(0.1);
}
}
```

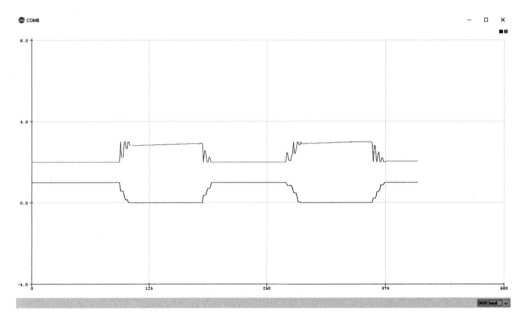

图 8-13　Arduino 串口绘图工具显示的程序输出（下面是变量 pv 值，上面是变量 u 值）

　　图 8-13 是 Arduino 串口绘图工具显示的程序输出，下面是变量 pv 值，上面是变量 u 值。结果显示，变量 pv 值一变化，变量 u 值就会随之变化。u 值的明显振荡可通过调节 PID　K_p、K_i 和 K_d 系数而减少。

　　我们可以更改示例 8.9，使其更灵活，如示例 8.10 所示。K_p、K_i 和 K_d 系数若有的话，可从计算机虚拟 COM 端口获取。K_p、K_i 和 K_d 系数是三个由 "|" 隔开的数字，如图 8-14 所示。

更多关于 PID 的信息

https://en.wikipedia.org/wiki/PID_controller

https://os.mbed.com/users/aberk/code/PID/

https://os.mbed.com/questions/1904/mbed-DSP-Library-PID-Controller/

https://os.mbed.com/teams/FRDM-K64F-Code-Share/code/PID/

图 8-14　Arduino 串口绘图工具显示的程序输出，即计算机通过虚拟 COM 端口发送到 Mbed 设备的 K_p、K_i 和 K_d 系数（1|0|0）（上）及相应的虚拟端口响应（下）

示例　8.10

```
#include "mbed.h"
#include "dsp.h"
```

```
#if defined(TARGET_K64F)
    AnalogIn pv(A0);
    PwmOut u(D9);
#elif defined(TARGET_LPC1768)
    AnalogIn pv(p19);
    PwmOut u(p21);
#endif
Serial pc(USBTX, USBRX);

arm_pid_instance_f32 pid;
float set_point = 0.8;

int main()
{
    //设置初始工作周期为 0%
    u = 0.0;
    //初始化PID实例结构
    pid.Kp = 1.0;
    pid.Ki = 0.002;
    pid.Kd = 5.0;
    arm_pid_init_f32(&pid, 1);


    while(1) {
        if(pc.readable()) {
            char buff [256]="";
            pc.gets(buff, 256);
            pc.printf("%s\n\r", buff);
            sscanf (buff,"%f|%f|%f",&pid.Kp,&pid.Ki,&pid.Kd);
            arm_pid_init_f32(&pid,1);
        }
        float out = arm_pid_f32(&pid, set_point - pv.read());
        //输出范围界限
        if (out < 0.0)
            out = 0.0;
        else if (out >= 1.0)
            out = 1.0;

        //设置新的输出工作周期
        u = out;
        pc.printf("%0.3f\t%0.3f\n\r",pv.read(), (2+u));
        wait(0.1);
    }
}
```

8.7　小结

本章介绍了如何用 Arm® Mbed ™ -DSP 库执行数字信号处理，如低通滤波器、高通滤波器、带通滤波器、带阻滤波器和陷波滤波器。还介绍了如何用 Arm® Mbed ™ -DSP 库执行快速傅里叶变换（FFT）和反向 FFT，以及如何执行 PID 控制器。

调试、计时器、多线程和实时编程

永不言弃。

——温斯顿·丘吉尔

9.1 调试

调试（debugging）是去除代码错误的一个重要步骤。在编程术语中，"bug"是指错误，"debugging"是指删除错误。这些术语的使用可以追溯到 20 世纪 40 年代，当时哈佛大学格蕾丝·霍珀上将正在研究一台 Mark Ⅱ 计算机，她的同事发现一只飞蛾卡在继电器上，阻止了计算机运行，因此她调侃说她们在"debugging"系统。

尽管在线编译器还不具备完整的调试能力，如设置断点、执行代码等，但有很多技术可用于获取代码调试信息。

一般有两种类型的错误，即编译时错误和运行时错误。编译时错误通常是由于语法错误和变量、函数的误用，校正起来相对简单，否则代码无法被编译。运行时错误较难排除，但是 Arm® Mbed™ 提供了一个名为死亡之光的机制，当出现运行时错误时，它可以使 LED 像警笛灯一样闪烁。示例 9.1 是一个会引发死亡之光的典型示例。

示例　9.1

```
#include "mbed.h"

PwmOut pout(D3);
int main() {
    while(1) {
        for(float p=0.0f;p<1.0f;p+=0.1f) {
            pout=p;
            wait(0.1);
        }
    }
}
```

Arm® Mbed™ 还包括报告运行时错误的一些特征，如：
- printf() —— 输出一条格式化消息到 USB 串口（默认标准输出）。

- error() —— 输出一条格式化消息到 USB 串口，然后出现"Siren Lights"（警笛灯）并死机。

示例 9.2 表明如何使用上述方法报告错误。

示例　9.2

```
#include "mbed.h"

DigitalIn button(p21);
AnalogIn pot(p20);

int main() {
    while (pot > 0.0) {
        printf("Pot value = %f", pot.read());
        wait(0.1);
    }
    error("Loop unexpectedly terminated");
}
```

你也可以用不同的 LED 灯显示你的代码流程，如示例 9.3 所示。

示例　9.3

```
#include "mbed.h"

AnalogIn ain(A0);
DigitalOut led1(LED1); // 用于调试
DigitalOut led2(LED2); // 用于调试
DigitalOut led3(LED3); // 用于调试

int main() {
    while (1) {
        if (ain > 2.0)) {
            led1 = 1;
            led2 = 0;
            led3 = 0;
        } else if (ain > 1.0)) {
            led1 = 0;
            led2 = 1;
            led3 = 0;
        } else {
            led1 = 0;
            led2 = 0;
            led3 = 1;
        }
    }
}
```

更多关于调试的信息

https://os.mbed.com/handbook/Debugging

9.2　计时器、超时、断续器、时间

计时器对于测量微小的时间变化非常有用，如图 9-1 所示。首先启动计时器，进行一

些计算，然后停止计时器，读取所测量的时间，以秒（s）为单位。可以创建任何数量的计时器对象，而且可以独立启动和停止。

示例　9.4

```
#include"mbed.h"

Timer t;

int main() {
    t.start();
    int x=10,y=20;
    y=x+y;
    t.stop();
    printf("Time = %f seconds\n",t.read());
}
```

图 9-1 是 Arduino 串口监视器显示的程序输出。在示例 9.4 中，计算只需 3μs。

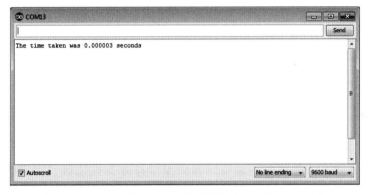

图 9-1　Arduino 串口监视器显示的计时器示例程序输出

练习 9.1

更改以上程序，使其可以测量运行一个"for"循环 10 000 次所需的时间。

超时接口用于设置中断，在指定延迟后调用一个函数。在示例 9.5 中，函数"fun()"被分配到一个超时事件，将在 2s 后中断主循环。超时事件只会出现一次。

可以创建任何数量的超时对象，同时允许多个突出中断。

示例　9.5

```
#include "mbed.h"

Timeout tout;

void fun() {
    printf("Timeout print......\r\n");
}
```

```
int main() {
  tout.attach(&fun, 2.0); //设置超时程序, 2s后调用函数 fun()
  while(1) {
      printf("Main loop......\r\n");
      wait(0.2);
    }
}
```

图 9-2 是 Arduino 串口监视器的程序输出。正如我们所预期的，程序运行 2s 后，超时事件只发生一次。

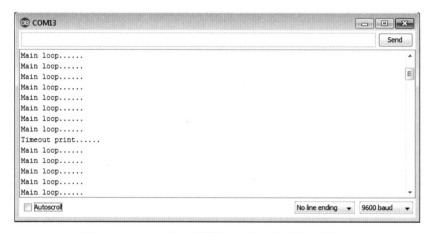

图 9-2　Arduino 串口监视器显示的超时示例程序输出

断续器接口用于设置反复中断，以指定速率反复调用函数。在示例 9.6 中，函数"fun()"被分配到一个断续器事件，每隔 2s 即中断主循环。断续器事件将反复发生。

可以创建任何数量的断续器对象，同时允许多个突出中断。可以是静态函数，也可以是一个特定对象的成员函数。

示例　9.6

```
#include "mbed.h"

Tickertk;

void fun() {
    printf("Timeout print......\r\n");
}

int main() {
    tk.attach(&fun, 2.0);  //设置断续器每2s调用一次fun()函数
    while(1) {
        printf("Main loop......\r\n");
        wait(0.2);
    }
}
```

图 9-3 是 Arduino 串口监视器的程序输出。在这个示例中，断续器事件每隔 2s 发生一次。

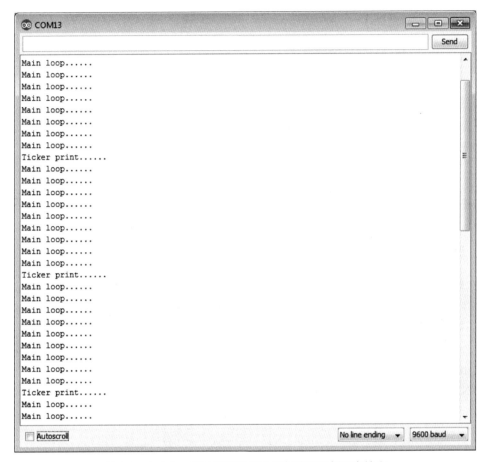

图 9-3　Arduino 串口监视器显示的断续器示例程序输出

Arm® Mbed ™ 还有一个事件函数。示例 9.7 是一个简单的程序，用于设置和获取日期和时间。

示例　9.7

```
#include "mbed.h"

int main() {
    set_time(1256729737);  // 设置实时时钟为2009年10月28日星期三 11:35:37

    while (true) {
        time_t seconds = time(NULL);

        printf("Time as seconds since January 1, 1970 = %d\n", seconds);
```

```
        printf("Time as a basic string = %s", ctime(&seconds));

        char buffer[32];
        strftime(buffer, 32, "%I:%M %p\n", localtime(&seconds));
        printf("Time as a custom formatted string = %s", buffer);

        wait(1);
    }
}
```

更多关于时间的信息

https://docs.mbed.com/docs/mbed-os-api-reference/en/latest/APIs/tasks/Timer/
https://docs.mbed.com/docs/mbed-os-api-reference/en/latest/APIs/tasks/Timeout/
https://docs.mbed.com/docs/mbed-os-api-reference/en/latest/APIs/tasks/Ticker/
https://docs.mbed.com/docs/mbed-os-api-reference/en/latest/APIs/tasks/Time/
https://docs.mbed.com/docs/mbed-os-api-reference/en/latest/APIs/tasks/events/
https://docs.mbed.com/docs/mbed-os-api-reference/en/latest/APIs/tasks/wait/

9.3　网络时间协议

　　网络时间协议（NTP）是一种网格协议，用于分组交换的、可变延时数据网络上计算机系统间的时钟同步。示例 9.8 是一个简单的示例，说明如何通过 NTP 从互联网获取时间信息。它用了以下库：

　　"EthernetInterface" 库：https://os.mbed.com/users/mbed_official/code/EthernetInterface/。

　　"mbed-rtos" 库：https://os.mbed.com/users/mbed_official/code/mbed-rtos/。

　　"NTPClient" 库：https://os.mbed.com/users/donatien/code/NTPClient/。

示例　9.8

```
// 从https://developer.mbed.org/users/donatien/code/NTPClient_HelloWorld/更改

#include "mbed.h"
#include "EthernetInterface.h"
#include "NTPClient.h"

EthernetInterface eth;
NTPClient ntp;

int main()
{
    eth.init();
    eth.connect();

    if (ntp.setTime("0.pool.ntp.org") == 0)
    {
      time_t ctTime;
      ctTime = time(NULL);
      printf("Time is set to (UTC): %s\r\n", ctime(&ctTime));
```

```
    }

    eth.disconnect();

    while(1) { }
}
```

图 9-4 是相应的程序输出。

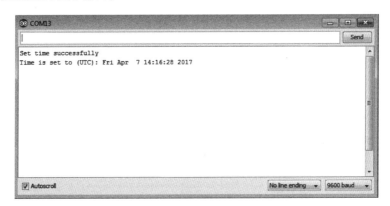

图 9-4　Arduino 串口监视器显示的 NTP 示例程序输出

更多关于 NTP 的信息

https://os.mbed.com/users/donatien/notebook/ntp-client/

https://os.mbed.com/cookbook/NTP-Client

9.4　多线程和实时编程

多线程是 Arm® Mbed ™ OS 5 的一项强大的功能，它允许并列运行多个任务。例如，你可以将一个线程用于通信，另一个线程用于控制。第 12 章将介绍更多多线程示例，包括多线程网页服务器和多线程智能照明。

多线程是通过实时操作系统（RTOS）实现的，这是 Mbed OS 5 的主要特征之一。这个有很大需求的特征现在已成为 Mbed 操作系统的核心。RTOS 为 OS 和各项应用提供原生线程支持，简化复杂而强大的应用组件的开发和集成，如网络栈。RTOS 只需极有限的系统开销。

在 Arm® Mbed ™上创建一个多线程程序非常简单，只需导入"mbed-rtos"库，创建一个函数，描述你想要做的事情，在一个线程中调用该函数。示例 9.9 用主循环输出一条消息，通过一个单独的线程调用函数"fun_1()"，输出另一条消息。

示例　9.9

```
#include "mbed.h"
#include "rtos.h"
```

```
void fun_1(void const *args) {
    while (true) {
        printf("Thread 1 ... ... \n\r");
        Thread::wait(200);
    }
}

int main() {
    Thread thread(fun_1);

    while (true) {
        printf("Main Loop Thread ... ... \n\r");
        Thread::wait(100);
    }
}
```

图 9-5 是该示例的 Arduino 串口监视器的输出。可以看到，主循环线程每隔 100μs 执行一次，单独的线程每隔 200μs 执行一次。

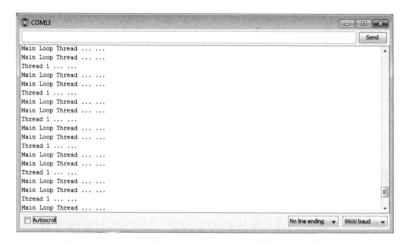

图 9-5　Arduino 串口监视器显示的多线程示例程序输出

示例 9.10 是示例 9.9 的改进版，创建了两个函数用于输出两条消息，并在"main()"函数中创建了两个线程，用于调用这两个函数。

示例　9.10

```
#include "mbed.h"
#include "rtos.h"

void fun_1(void const *args) {
    while (true) {
        printf("Thread 1 … … \n\r");
        Thread::wait(200);
    }
}
void fun_2(void const *args) {
```

```
    while (true) {
        printf("Thread 2 … … \n\r");
        Thread::wait(500);
    }
}

int main() {
    Thread thread1(fun_1);
    Thread thread2(fun_2);

    while (true) {
    }
}
```

图 9-6 是该示例的 Arduino 串口监视器的输出。可以看到，两个单独的线程同时运行。

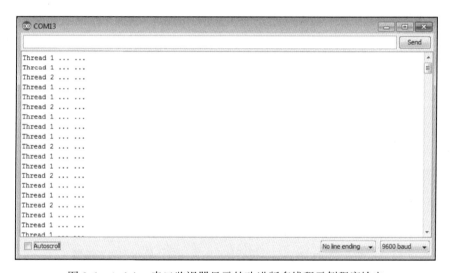

图 9-6　Arduino 串口监视器显示的改进版多线程示例程序输出

示例 9.11 是另一个多线程示例，创建了两个函数进行一些计算，并在"main()"函数中创建了两个线程，调用这两个函数。这两个函数均可用全局变量模式共享信息。如图 9-7 所示，函数"fun_2()"修改了模式的值，函数"fun_1()"即可获取相应的变化。

示例　9.11

```
#include "mbed.h"
#include "rtos.h"

int mode =0;

void fun_1(void const *args) {
    while (true) {
        printf("mode: %d\n\r", mode);
        Thread::wait(200);
```

```
        }
    }
void fun_2(void const *args) {
    while (true) {
        mode++;
        Thread::wait(1000);
    }
}

int main() {
    Thread thread1(fun_1);
    Thread thread2(fun_2);

    while (true) {
    }
}
```

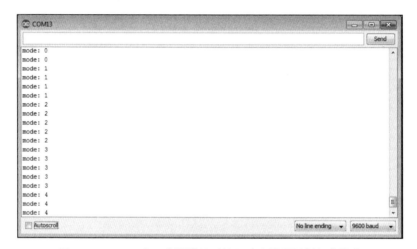

图 9-7   Arduino 串口监视器显示的上述多线程示例程序输出

我们也可将上述多线程代码与网页服务器代码（示例 8.8）相融合，创建一个多线程网页服务器。

示例   9.12

```
#include "mbed.h"
#include "EthernetInterface.h"
#include <stdio.h>
#include <string.h>
#include "rtos.h"

#define PORT    80

EthernetInterface eth;

TCPSocketServer server;
bool serverIsListened = false;
```

```
TCPSocketConnection client;
bool clientIsConnected = false;

void web_thread(void const *args)
{

    //设置TCP接口
    if(server.bind(PORT)< 0) {
        serverIsListened = false;
    } else {
        printf("tcp server bind succeeded.\n\r");
        serverIsListened = true;
    }

    server.listen();

    //听 http 获取请求
    while (serverIsListened) {
        //拦截模式（永不超时）
        if(server.accept(client)<0) {
            printf("failed to accept connection.\n\r");
        } else {
            printf("connection success!\n\rIP: %s\n\r",client.
get_address());
            clientIsConnected = true;

            while(clientIsConnected) {
                char buffer[1024] = {};
                if(client.receive(buffer, 1023)<1){
                    break;
                }
                else{
                    printf("Received
Data: %d\n\r\n\r%.*s\n\r",strlen(buffer),strlen(buffer),buffer);
                    if(buffer[0] == 'G' && buffer[1] == 'E' &&
buffer[2] == 'T' && buffer[3] == ' ' && buffer[4] == '/' ) {
                        printf("GET request incoming.\n\r");
                        //设置http响应标题和数据
                        char Body[1024] = {};
                        sprintf(Body,"<html></title>
<body>Hello World %d </body></html>\n\r\n\r",strlen(buffer));
                        char Header[256] = {};
                        sprintf(Header,"HTTP/1.1 200 OK\n\
rContent-Length: %d\n\rContent-Type: text\n\rConnection:
Close\n\r\n\r",strlen(Body));
                        client.send(Header,strlen(Header));
                        client.send(Body,strlen(Body));
                        clientIsConnected = false;
                    }

                }
            }
            printf("close connection.\n\rtcp server is listening...\n\r");
            client.close();

        }
```

```
    }
}
int main() {
    EthernetInterface eth;
    eth.init(); //用动态主机配置协议 (DHCP)
    eth.connect();
    printf("\r\nServer IP Address is %s\r\n", eth.getIPAddress());

    Thread thread(web_thread);
    while(1){}
}
```

更多关于多线程和实时编程的信息

https://os.mbed.com/handbook/RTOS

https://docs.mbed.com/docs/mbed-os-api-reference/en/latest/APIs/tasks/rtos/

https://os.mbed.com/blog/entry/Introducing-mbed-OS-5/

9.5 小结

本章介绍如何调试，如何使用计时器、超时、断续器和时间，以及如何通过 NTP 从互联网获取时间和日期信息，也介绍了多线程编程和实时编程。

库 与 程 序

始于必然，继于偶然，获于未然。

——阿西西的弗朗西斯

10.1　导入库和程序

　　Arm® Mbed ™开发者网站（原为 https://developer.mbed.org，现为 https://os.mbed.com）对于编程来说是一个非常有用的资源，网站里有很多可用的程序和库。一种很好的学习方式是将已有程序导入在线编译器工作空间（如图 10-1 所示）。只需从在线编译器上单击"Import!"键，即显示"Import Wizard"。在"Programs"栏中，搜索你要从"mbed.org"中查找的内容，然后双击程序（或单击"Import!"键）导入。在"Bookmarked"栏中，你也可以从某个网站导入程序。在"Upload"栏中，你也可以从本地计算机导入程序。

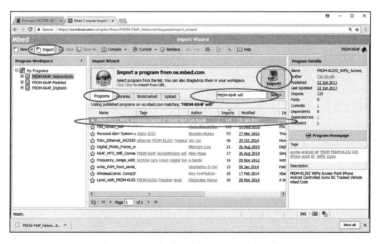

图 10-1　从在线编译器导入一个程序

　　同样地，也可以将库导入你的程序，如图 10-2 所示。只需从在线编译器上单击"Import!"键，然后在"Libraries"栏中搜索你要从"mbed.org"中查找的内容，然后双击库导入。

图 10-2　从在线编译器导入一个程序

10.2　导出你的程序

你也可以导出项目到第三方离线编译器软件，也叫工具链。从在线编译器上的"Program Workspace"中，选择你想要导出的项目，右击将显示一个弹出菜单，选择"Export Program…"（如图 10-3 所示）。

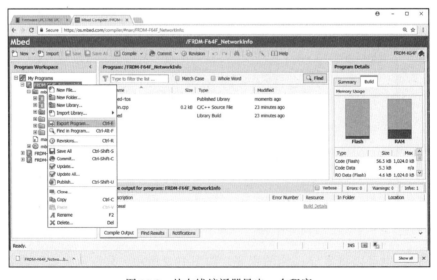

图 10-3　从在线编译器导出一个程序

弹出"Export program"窗口（图 10-4），你只需确保选择正确的导出目标和导出工具链（图 10-5）。这里支持很多广泛应用的工具链，如 Keil uVersion4、GCC、IAR Systems 和 Kinetic Design Studio。你也可以重新导入你导出的程序，只需按照从本地计算机导入一样的步骤，如 10.1 节所述。

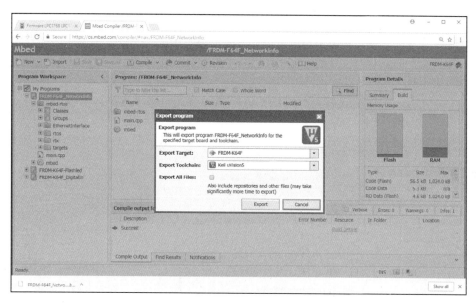

图 10-4　导出程序弹出窗口

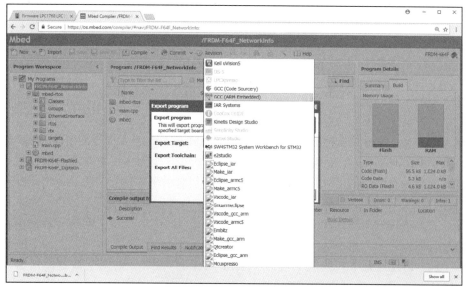

图 10-5　导出程序工具链选项

10.3　编写你自己的库

库就是代码合集，用于提供某些函数或处理某些硬件组件。

库对于项目开发至关重要，因为它可以让用户分享和反复使用代码，而无须做重复工作。如第 6 章所述，如果想组合使用加速计和磁力计传感器或 SD 卡等，只需导入相应的传感器和 SD 卡的库，无须从头开始重写代码。

要创建一个库，可在程序上单击右键，选择 "New Library…"，如图 10-6 所示。

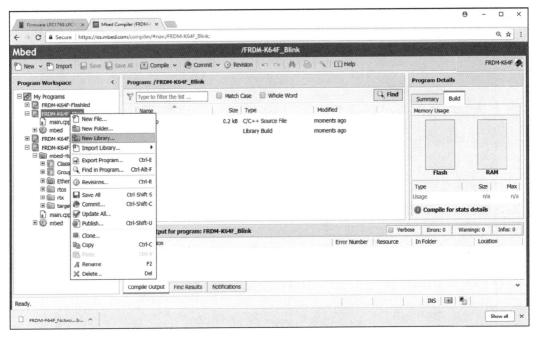

图 10-6　从 mbed.org 创建一个新库

输入库的名称，在这个示例中，我命名为 "PXMathLibrary"，将在程序中添加一个文件夹，如图 10-7 所示。

然后添加两个文件到文件夹，分别为 "PXMathLibrary.h" 和 "PXMathLibrary.cpp"，如图 10-8 所示。图 10-9 是这两个文件的相应内容。在这个库中，它获取两个模拟输入引脚，然后用名为 "mean()" 的函数计算两个模拟引脚的平均值，并将该值显示到计算机串行端口。

最后，你可以调用该库和 "mean()" 函数，如图 10-10 所示。在这个示例中，两个模拟输入引脚为 "A0" 和 "A1"。

图 10-11 是发送到串口的三个值的 "Tera　Term" 截屏，前两个值是模拟输入引脚 "A0" 和 "A1"，第三个是它们的平均值。

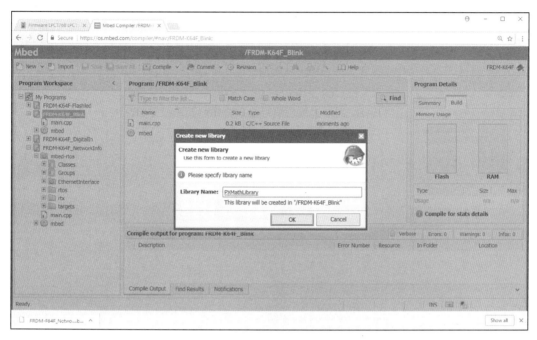

图 10-7 新库名称弹出窗口

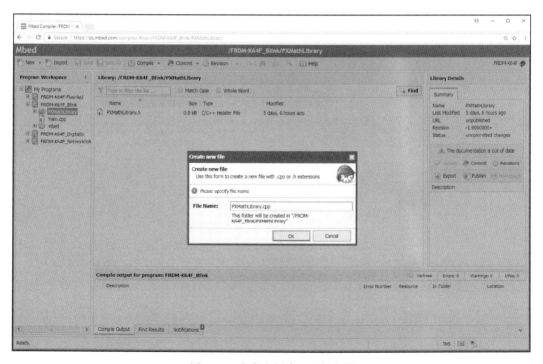

图 10-8 在库中创建一个新文件

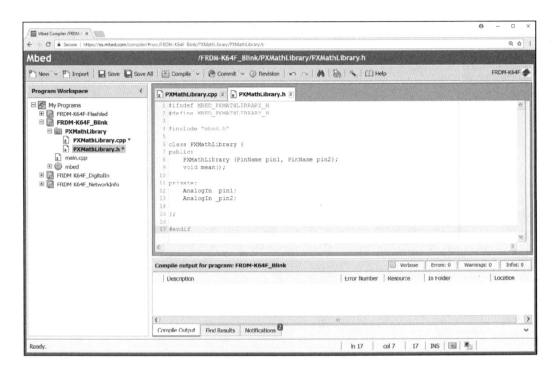

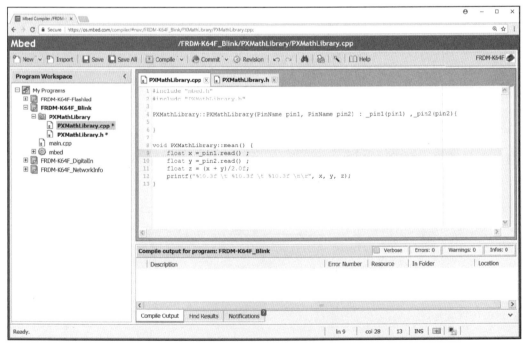

图 10-9 新库程序标题文件页（上）和 CPP 文件页（下）

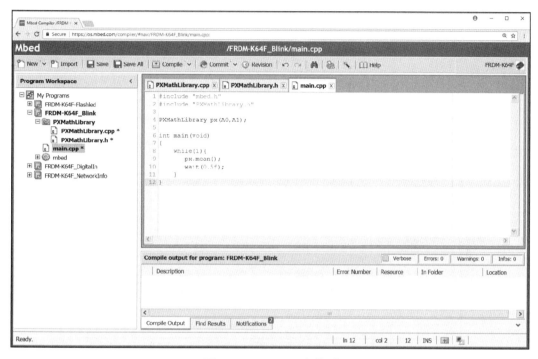

图 10-10　main.cpp 文件页

图 10-11　Tera Term 输出

10.4 发布你的库

要发布库，你只需选择该库，然后单击右键显示弹出菜单，选择"Publish"，如图 10-12 所示。

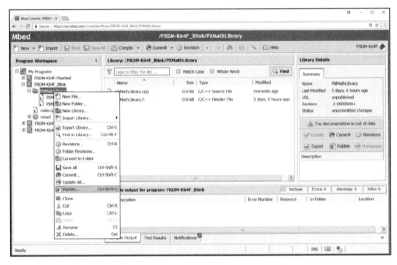

图 10-12 从在线编译器发布一个库

将出现"Revision Commit"窗口，输入提交消息，如图 10-13 所示。单击"OK"键，将出现"Publish Repository"窗口，如图 10-14 所示，确保所有信息都是正确的，然后单击"OK"键，将出现一个确认窗口，显示你发布的库的 URL 地址，如图 10-15 所示。

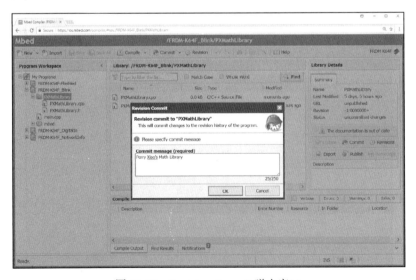

图 10-13 Revision Commit 弹出窗口

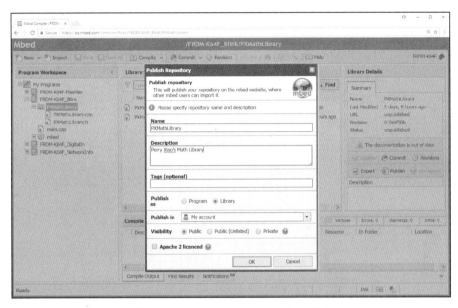

图 10-14　Publish Repository 弹出窗口

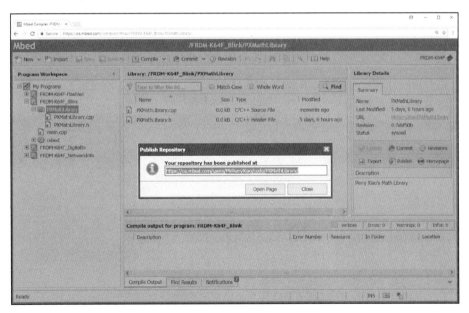

图 10-15　Publish Repository 确认弹出窗口

10.5　发布你的程序

你也可以发布你的程序，方法与发布库一样，如图 10-16、图 10-17、图 10-18 和

图 10-19 所示。

图 10-16　从在线编译器发布一个程序

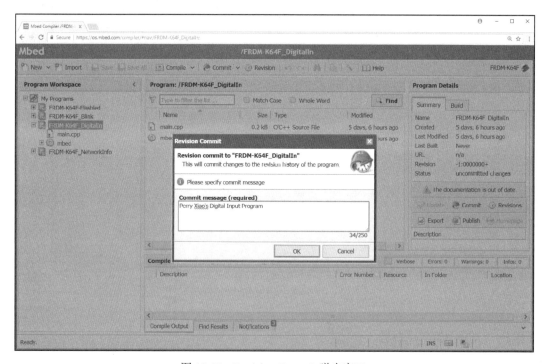

图 10-17　Revision Commit 弹出窗口

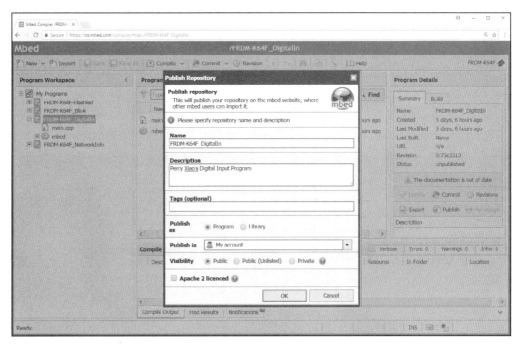

图 10-18　Publish Repository 弹出窗口

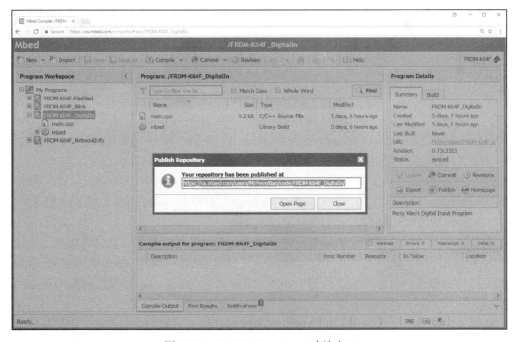

图 10-19　Publish Repository 确认窗口

10.6 版本控制

版本控制对编程来说非常重要，尤其是对于大型项目，因为它的许多地方都可能出错。Arm® Mbed™ 在线编译器有强大的内置版本控制。有了版本控制，可以方便地浏览不同版本记录，比较不同版本代码的区别，如果需要可以返回前一版本。

要使用版本控制，可从在线编译器上选择程序，然后单击"Revision"键，将显示一个"Revision History"窗口（如图 10-20 所示）。列表上面是目前的工作程序。

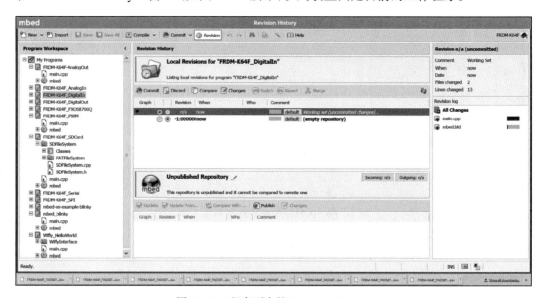

图 10-20　程序页中的 Revision History

你可以继续你的程序（如图 10-21 所示）；当你即将完成目前的版本，准备进入下一版本时，只需单击上面的"Commit"键，将弹出"Revision Commit"窗口，输入"Commit message"并单击"OK"键（如图 10-22 所示）。图 10-23 是程序完成后的版本。

你可以继续你的程序（如图 10-24 所示）。在这个示例中，添加了 `if(din.is_connected())`。如果要做另一个版本，同样只需单击上面的"Commit"键，将弹出"Revision Commit"窗口，输入"Commit message"并单击"OK"键（如图 10-25 所示）。图 10-26 是程序的所有版本。

你可以在开发全过程中简单地重复这个步骤，无论你何时想查看以前的版本，只需单击"Revision"键，即可在"Revision History"窗口看到所有的历史版本。图 10-27 是进一步更新后的程序，增加了 else 结构。图 10-28 和图 10-29 是 else 结构增加前后程序的所有版本。

你可以比较或合并各版本，甚至可以返回到前一版本。图 10-30 展示了如何选择前一版本，图 10-31 是前一版本的程序代码，与图 10-21 所示完全相同。

图 10-21　当前程序页面

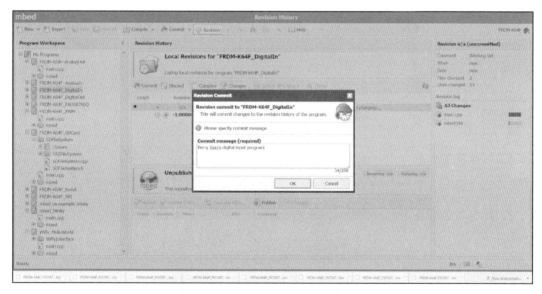

图 10-22　Revision Commit 弹出窗口

图 10-23　Revision History 中显示的程序的完成版

图 10-24　添加了 `if (din.is_connected())` 后更新的程序

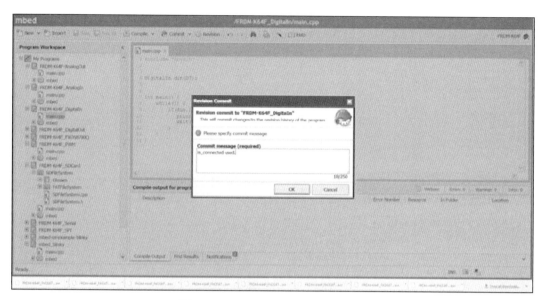

图 10-25　Revision Commit 弹出窗口

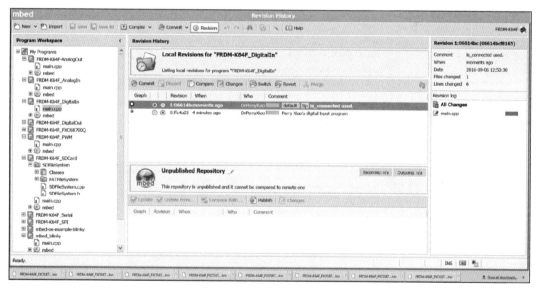

图 10-26　Revision History 中显示的程序的更新版

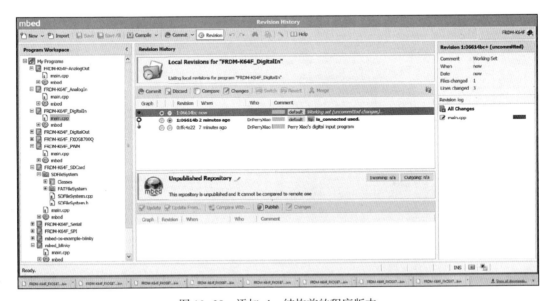

图 10-27　添加了 else 结构后更新的程序

图 10-28　添加 else 结构前的程序版本

图 10-29　添加 else 结构后的程序版本

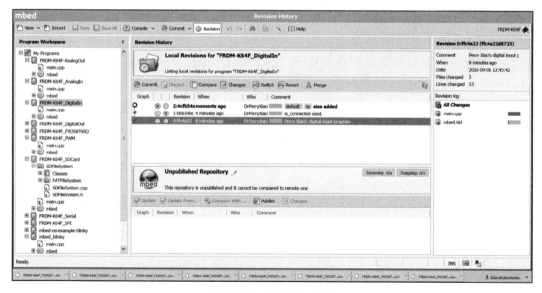

图 10-30　选择前一版本

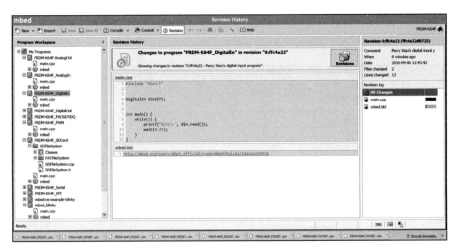

图 10-31   前一版本的程序代码

更多关于版本控制的信息

https://docs.mbed.com/docs/mbed-os-handbook/en/latest/collab/versions/

https://os.mbed.com/docs/v5.6/tools/collab-online-comp.html

https://os.mbed.com/docs/v5.6/tools/version-control.html

10.7   协作

Arm® Mbed™在线编译器允许多个用户共同完成一个程序，即协作。要添加用户到你的程序，首先需要发布你的程序，然后单击右边"Program Details"面板上的"Homepage"键，到你的程序主页，也叫库主页（如图 10-32 所示）。

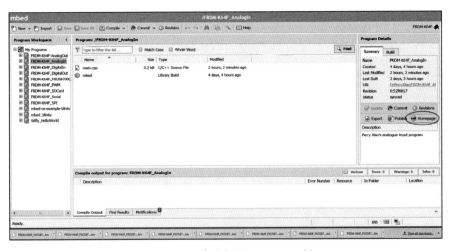

图 10-32   程序右侧的 Homepage 键

选择"Admin settings"标签栏（如图 10-33 所示），页面中间有"Privacy Settings"。

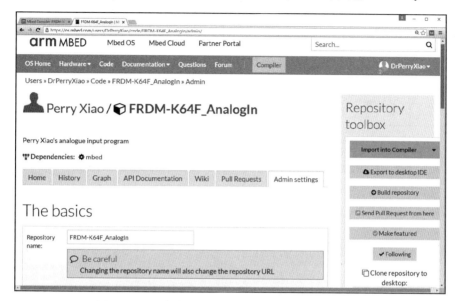

图 10-33　程序库页面上的"Admin settings"标签栏

在"Privacy Settings"（如图 10-34 所示）中，可添加一个或多个开发者到你的程序。在这个示例中，有两个开发者，"Perry Xiao"是初始开发者，"Johnny English"是添加的开发者。记得单击"Save changes"键以保存修改。

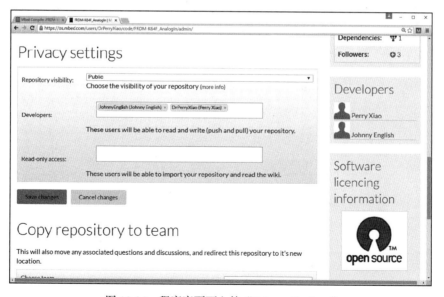

图 10-34　程序库页面上的"Privacy Settings"

　　添加的开发者可以将程序导入他的工作空间（如图 10-35 所示），修改、保存、提交一个版本等（如图 10-36 所示）。然后你可以在 Revision History 中看到所添加的开发者的版本（如图 10-37 所示）。

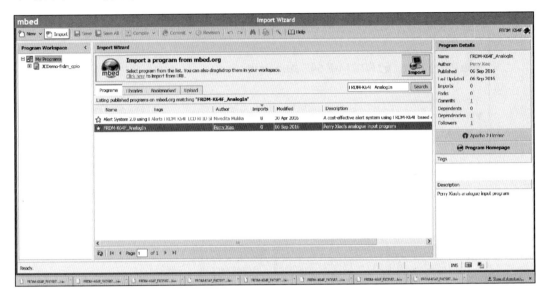

图10-35　添加的开发者可以将程序导入他的工作空间

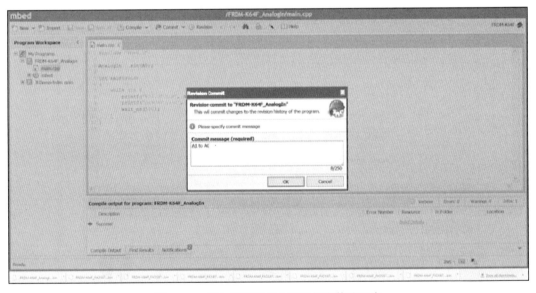

图 10-36　添加的开发者也可以提交修改程序

　　当一切就绪，添加的用户可以发布程序到初始库主页（如图 10-38 所示）。图 10-39 是发布确认弹出窗口。

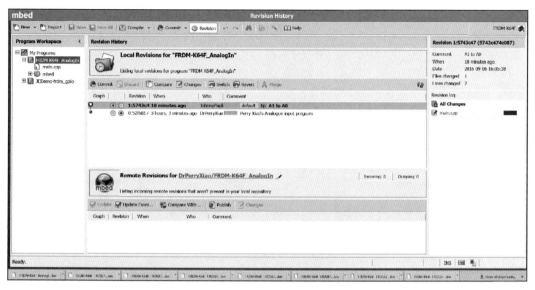

图 10-37　程序的修改历史所显示的添加的开发者的修改记录

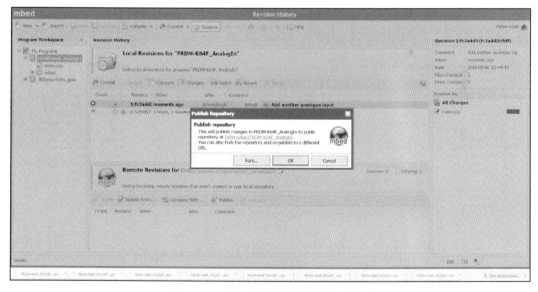

图 10-38　添加的开发者也可以发布程序

　　然后，当初始开发者（你）登录时，将会看到一个"Update"提示出现在相应的程序中。单击"Program Details"标签栏中的"Update"键后，程序将更新到最新版本（如图 10-40 所示）。通过单击"Revision"键，你将看到修改历史（如图 10-41 所示）。

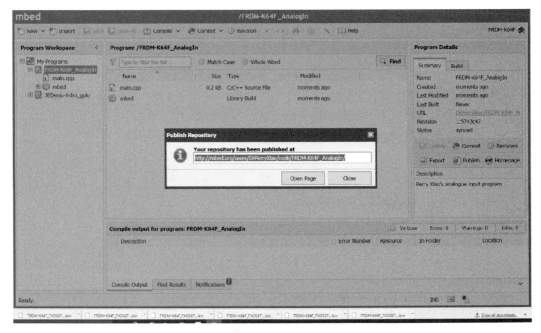

图 10-39 添加的开发者发布确认窗口

图 10-40 "Program Details"标签栏中的"Update"键

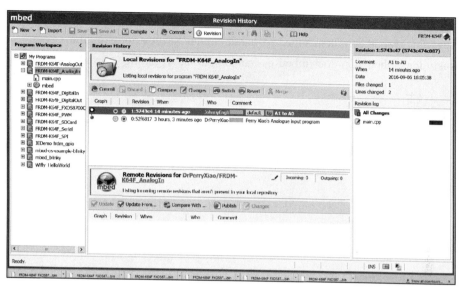

图 10-41　更新的修改历史

更多关于协作的信息

https://os.mbed.com/docs/v5.6/tools/collaborate.html

10.8　更新你的库和程序

每当你的库和程序有更新版本时，一个绿色循环箭头将出现在库或程序图标上（如图 10-42 所示）。若要更新，只需选择你的库或程序，单击右边"Program Details"面板上的"Update"键。

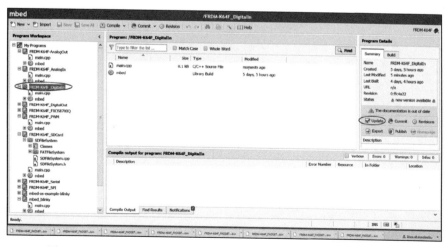

图 10-42　右边"Program Details"面板上的"Update"键和绿色箭头

更多关于 Arm® Mbed ™库和项目的信息

https://docs.mbed.com/docs/mbed-os-handbook/en/5.1/dev_tools/online_comp/

https://docs.mbed.com/docs/mbed-os-handbook/en/5.1/getting_started/blinky_ compiler/

10.9 小结

本章介绍了如何导入库和程序，如何导出程序，如何编写你自己的库，如何发布库和程序，如何执行版本控制，如何协作开发程序，以及如何在 Arm® Mbed ™在线开发环境中更新你的库和程序。

物联网入门工具包和物联网应用

第 11 章 │Chapter 11│

Arm® Mbed ™以太物联网入门工具包

做你想做的事情，永远都不会太迟。

——乔治·艾略特

以太物联网入门工具包有两个组件，FRDM-K64F 开发板和 Mbed 应用板。如第 1 章 1.4.4 节所述，Mbed 应用板有很多有用的性能，如 128×32 LCD、控制杆、RGB LED、2 个电位计、扬声器、3 轴加速计和 LM75B 温度传感器。这些性能对于开发物联网应用非常有益。要使用工具包，需要将 Mbed 应用板挂载在 FRDM-K64F 开发板上，确保所有引脚都完全插好（图 11-1）。NXP LPC1768 及其 Mbed 应用板，如第 1 章 1.4.1 节所述，有很多与物联网入门工具包相似的性能。因此，为了反向兼容性，这里的大部分示例也适用于 NXP LPC1768 及其 Mbed 应用板。

图 11-1　Arm® Mbed ™以太物联网入门工具包

11.1　128×32 LCD

Mbed 应用板的板上 128×32 LCD（液晶显示屏）由引脚 D11、D13、D12、D7 和 D10 连接到 FRDM-K64F 板。LCD 程序的示例见示例 11.1，它在 LCD（0，3）的位置上输出文本"**Hello World**"，并在 LCD（0，15）的位置上输出一个计数变量。在这个程序中，你需要导入"C12832" LCD 库（https://developer.mbed.org/users/chris/code/C12832/）。

示例　11.1

```
#include "mbed.h"
#include "C12832.h"
```

```
#if defined(TARGET_K64F)              //FRDM-K64F物联网入门工具包
    C12832 lcd(D11,D13,D12,D7,D10);
#elif defined(TARGET_LPC1768)         //LPC1768 及其应用板
    C12832 lcd(p5, p7, p6, p8, p11);
#endif

int main()
{
    int j=0;
    lcd.cls();
    lcd.locate(0,3);
    lcd.printf("Hello World");

    while(true) {
        lcd.locate(0,15);
        lcd.printf("Counting:%d",j);
        j++;
        wait(1.0);
    }
}
```

练习 11.1

更改以上程序，使其在 LCD 上显示你的姓名和电话号码。

11.2　控制杆

Mbed 应用板的板上控制杆由引脚 A2、A3、A4、A5 和 D4 连接到 FRDM-K64F 板。

示例 11.2 是使用控制杆按钮的 Arm® Mbed™应用板示例，它读取控制杆输入，然后通过串口相应地输出到计算机。

示例　11.2

```
#include "mbed.h"

#if defined(TARGET_K64F)              //FRDM-K64F物联网入门工具包
    DigitalIn up(A2);
    DigitalIn down(A3);
    DigitalIn left(A4);
    DigitalIn right(A5);
    DigitalIn centre (D4);

#elif defined(TARGET_LPC1768)    //LPC1768 及其应用板
    DigitalIn up(p15);
    DigitalIn down(p12);
    DigitalIn left(p13);
    DigitalIn right(p16);
    DigitalIn center(p14);

#endif

int main()
{
```

```
while(1) {
    while (1) {
    if(up){
        printf("up\n\r");
    }
    if(down){
        printf("down\n\r");
    }
    if(left){
        printf("left\n\r");
    }
    if(right){
        printf("right\n\r");
    }
    if(centre){
        printf("center\n\r");
    }
    wait(0.2);
    }    }
}
```

练习 11.2

更改以上程序，使其显示上、下、左、右，以及当按下控制杆按钮时按下 LCD。

11.3   两个电位计

Mbed 应用板的两个板上电位计（孔 1 和孔 2）连接到 FRDM-K64F 板的引脚 A0 和 A1。示例 11.3 显示了 LCD 上两个电位计的值。

示例   11.3

```
#include "mbed.h"
#include "C12832.h"

#if defined(TARGET_K64F)              //FRDM-K64F物联网入门工具包
    C12832 lcd(D11,D13,D12,D7,D10);
    AnalogIn pot1(A0);
    AnalogIn pot2(A1);
#elif defined(TARGET_LPC1768)         //LPC1768及其应用板
    C12832 lcd(p5, p7, p6, p8, p11);
    AnalogIn pot1(p19);
    AnalogIn pot2(p20);
#endif

int main()
{
    while(1) {
        lcd.cls();
        lcd.locate(0,3);
        lcd.printf("P1:%10.2f", (float)pot1);
        lcd.locate(0,15);
```

```
        lcd.printf("P2:%10.2f",(float)pot2);
        wait(0.01);
    }
}
```

练习 11.3

更改以上程序，使其显示 LCD 屏上两个电位计值的和与差。

11.4　扬声器

Mbed 应用板的板上扬声器连接到 FRDM-K64F 板的 D6 引脚。示例 11.4 是示例代码，在扬声器上播放声音，频率从 2 000 Hz 到 12 000 Hz，间隔 100 Hz。

示例　11.4

```
#include "mbed.h"

#if defined(TARGET_K64F)            //FRDM-K64F物联网入门工具包
    PwmOut speaker(D6);
#elif defined(TARGET_LPC1768)       //LPC1768及其应用板
    PwmOut speaker(p26);
#endif

int main()
{
    for (int i=0; i<100; i++) {
        float f=i*100+2000;         // 频率为2000 Hz 到 12 000 Hz
        float T=1.0/f;              // 周期
        speaker.period(T);
        speaker =0.5;
        wait(0.02);
    }
}
```

表 11-1　音符频率

C	D	E	F	G	A	B
261.63 Hz	293.66 Hz	329.63 Hz	349.23 Hz	392.00 Hz	440.00 Hz	493.88 Hz

在音乐里，音符频率可通过以下公式计算：

$$f(n) = 2^{\frac{n-49}{12}} \times 440\,\text{Hz}$$

其中，n 是钢琴上的 n^{th} 键。音符中央 C 是标准钢琴上的第 40 个键，频率为 261.63 Hz。表 11-1 是七个基本音符的频率。

示例 11.5 是示例代码，在扬声器上播放中央 C 音符（261.63 Hz）。

示例　11.5

```
#include "mbed.h"

#if defined(TARGET_K64F)          //FRDM-K64F物联网入门工具包
    PwmOut speaker(D6);
#elif defined(TARGET_LPC1768)   //LPC1768及其应用板
    PwmOut speaker(p26);
#endif

int main()
{
    float f=261.63;         //中央C频率
    float T=1.0/f;          //周期
    speaker.period(T);
    speaker =0.5;
    wait(0.02);
}
```

练习 11.4

用表 11-1 中的信息更改以上程序，使其播放其他音符。

练习 11.5

写一个程序，使其播放歌曲"Twinkle Twinkle, Little Star。"

11.5　三轴加速计

加速计是一个用于测量加速力的电动机械设备。Mbed 应用板的板上三轴加速计用 I2C 通信，由引脚 D14 和 D15（SDA，SCL）连接到 FRDM-K64F 板。示例 11.6 是一个从 X 轴、Y 轴和 Z 轴获取加速信息的示例。在这个程序中，你需要导入 MMA7660 加速计库（https://developer.mbed.org/users/Sissors/code/MMA7660/）。

示例　11.6

```
#include "mbed.h"
#include "C12832.h"
#include "MMA7660.h"

#if defined(TARGET_K64F)          //FRDM-K64F物联网入门工具包
    C12832 lcd(D11,D13,D12,D7,D10);
    MMA7660 MMA(D14,D15);              // I2C (SDA,SCL)
#elif defined(TARGET_LPC1768)   //LPC1768及其应用板
    C12832 lcd(p5, p7, p6, p8, p11);
    MMA7660 MMA(p28,p27);              // I2C (SDA,SCL)
#endif

int main()
{
    lcd.cls();
    while(1){
        lcd.locate(0,3);
```

```
        lcd.printf("x=%.2fy=%.2fz=%.2f",MMA.x(),MMA.y(),MMA.z());
        wait(0.1);
    }
}
```

练习 11.6

更改以上程序，使 X 轴的值大于特定值时，红色 RGB LED 打开；Y 轴的值大于特定值时，绿色 RGB LED 打开；Z 轴的值大于特定值时，蓝色 RGB LED 打开。

11.6　LM75B 温度传感器

Mbed 应用板的板上 LM75B 温度传感器也用 I2C 通信，由引脚 D14 和 D15（SDA，SCL）连接到 FRDM-K64F 板。示例 11.7 是一个板上 LM75B 温度传感器的示例。在这个程序中，你需要导入 LM75B 库（https://developer.mbed.org/ users/chris/code/LM75B/）。

示例　11.7

```
#include "mbed.h"
#include "LM75B.h"
#include "C12832.h"

#if defined(TARGET_K64F)             //FRDM-K64F 物联网入门工具包
    C12832 lcd(D11,D13,D12,D7,D10);
    LM75B sensor(D14,D15);                // I2C (SDA,SCL)
#elif defined(TARGET_LPC1768)    //LPC1768 及其应用板
    C12832 lcd(p5, p7, p6, p8, p11);
    LM75B sensor(p28,p27);                // I2C (SDA,SCL)
#endif

int main ()
{

    while (1) {
      lcd.cls();
      lcd.locate(0,3);
      lcd.printf("Temp = %.1f\n", sensor.read());
      wait(1.0);
    }
}
```

练习 11.7

更改以上程序，使你可以通过按控制杆改变温度显示摄氏度或华氏度。

11.7　RGB LED

Mbed 应用板的 RGB LED 由引脚 D5、D8 和 D9 连接到 FRDM-K64F 板。

示例 11.8 是一个板上 RGB LED 的示例程序，它用 PWM 逐个点亮 RGB LED。对于

RGB LED 来说，1 代表关，0 代表全开。

示例 11.8

```
#include "mbed.h"

#if defined(TARGET_K64F)        //FRDM-K64F物联网入门工具包
    PwmOut r (D5);
    PwmOut g (D8);
    PwmOut b (D9);
#elif defined(TARGET_LPC1768)   //LPC1768及其应用板
    PwmOut r (p23);
    PwmOut g (p24);
    PwmOut b (p25);
#endif

int main()
{
    r.period(0.001);
    while(1) {
        for(float i = 0.0; i < 1.0 ; i += 0.01) {
            r = 1.0 - i;
            g=1;
            b=1;
            wait (0.01);
        }
        for(float i = 0.0; i < 1.0 ; i += 0.01) {
            r=1;
            g = 1.0 - i;
            b=1;
            wait (0.01);
        }
        for(float i = 0.0; i < 1.0 ; i += 0.01) {
            r=1;
            g=1;
            b = 1.0 - i;
            wait (0.01);
        }
    }
}
```

练习 11.8

更改以上程序，使其可基于两个电位计的输入以不同的亮度显示红色和蓝色。

更多关于以太物联网入门工具包的信息

https://os.mbed.com/platforms/IBMethernetKit/

https://os.mbed.com/components/mbed-Application-Shield/

11.8 小结

本章提供了 Arm® Mbed ™以太物联网入门工具包的示例代码，展示了 128 × 32 LCD、控制杆、RGB LED、两个电位计、扬声器、三轴加速计及 LM75 温度传感器的用法。

Arm® Mbed ™ 物联网应用

摘星之志。

——克丽丝塔·麦考利夫

12.1 基于互联网的温度监测

温度测量是最基本、最常用的测量之一，可以是一个房间的温度，一个人的体温，或者是一台设备的温度。通过互联网远程监测温度有很多潜在的重要应用。例如，许多老年人是独居的，如果我们可以远程监测他们的体温，当他们生病时，尤其是有生命危险的时候，我们可以同时向医生、健康护理人员和亲戚报警。在这个应用中，在应用板上将 LM75B 作为温度传感器，将以太网作为网络连接方式。图 12-1 是该应用的示意图。

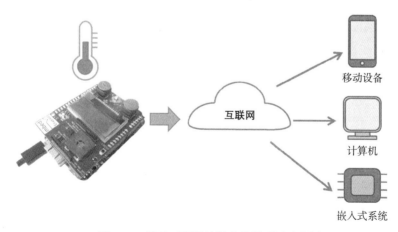

图 12-1 基于互联网的温度监测项目示意图

所需硬件
- Arm® Mbed ™ 以太物联网入门工具包（FRDM-K64F 板和 Mbed 应用板）
- Mini USB 线和以太网线

所需软件

- 浏览器

步骤

将 Arm® Mbed ™以太物联网入门工具包用一个 mini USB 线连接到一台计算机，再用以太网线连接到互联网。有许多方式可以在线监测温度，最简单的方式是将 FRDM-K64F 板变为一个网页服务器。示例 12.1 展示了如何设置网页服务器，读取温度传感器数据，并将其输出到 LCD 及网页。你需要导入以下四个库来运行这个代码：

- "LM75B" 库——温度传感器

　https://developer.mbed.org/users/chris/code/LM75B/

- "C12832" 库——LCD

　https://developer.mbed.org/users/chris/code/C12832/

- "EthernetInterface" 库——以太网连接

　https://os.mbed.com/users/mbed_official/code/EthernetInterface/

- "mbed-rtos" 库 – 以太网接口和多线程

　https://os.mbed.com/users/mbed_official/code/mbed-rtos/

示例　12.1

```
#include "mbed.h"
#include "EthernetInterface.h"
#include "rtos.h"
#include <stdio.h>
#include <string.h>
#include "LM75B.h"
#include "C12832.h"

#define PORT    80

bool serverIsListened = false;

TCPSocketConnection client;
bool clientIsConnected = false;
int mode=0;

C12832 lcd(D11, D13, D12, D7, D10);
LM75B sensor(D14,D15);
EthernetInterface eth;
TCPSocketServer server;
float temp=0;

void web_thread(void const *args){
  if(server.bind(PORT)< 0) {
      serverIsListened = false;
  } else {
      serverIsListened = true;
  }

  server.listen();
```

```
    // 听 http 获取请求
    while (serverIsListened) {
      if(server.accept(client)<0) {
          printf("failed to accept connection.\n\r");
      } else {
          printf("connection success!\n\rIP: %s\n\r",client.get_address());
          clientIsConnected = true;

          while(clientIsConnected) {
              char buffer[1024] = {};
              if(client.receive(buffer, 1023)<1){
                  break;
              }
              else{
                  printf("Received
Data: %d\n\r\n\r%.*s\n\r",strlen(buffer),strlen(buffer),buffer);
                  if(buffer[0] == 'G' && buffer[1] == 'E' && buffer[2]
== 'T' && buffer[3] == ' ' && buffer[4] == '/' ) {
                      printf("GET request incoming.\n\r");
                      //设置http响应标题和数据
                      char Body[1024] = {};
                      sprintf(Body,"Temp = %f \n\r\n\r",temp);
                      char Header[256] = {};
                      sprintf(Header,"HTTP/1.1 200 OK\n\rContent-Length:
%d\n\rContent-Type: text\n\rConnection: Close\n\r\n\r",strlen(Body));
                      client.send(Header,strlen(Header));
                      client.send(Body,strlen(Body));
                      clientIsConnected = false;
                  }
              }
          }
          printf("close connection.\n\r tcp server is listening...\n\r");
          client.close();
      }
    }
}


int main (void)
{
    eth.init(); // 用动态主机配置协议(DHCP)
    eth.connect();
    printf("\r\nServer IP Address is %s\r\n", eth.getIPAddress());

    Thread thread(web_thread);
    while (1) {
        lcd.cls();
        lcd.locate(0,3);
        temp=sensor.read();
        lcd.printf("Temp = %.1f\n", temp);

        printf("Temp = %.1f\n\r", temp);
        wait(1.0);
    }
}
```

在这个示例中，你可以写一个简单的 Java TCP 客户端，发送命令到入门工具包，请参见示例 12.2，确保服务器 IP 地址" x.x.x." 正确。将模式值改为 0、1 和 2，分别为关闭、打开和自动模式。你可以用 Java 在线编译器（http://www.tutorialspoint.com/compile_java_online.php）编译和执行代码，如图 12-2 所示。

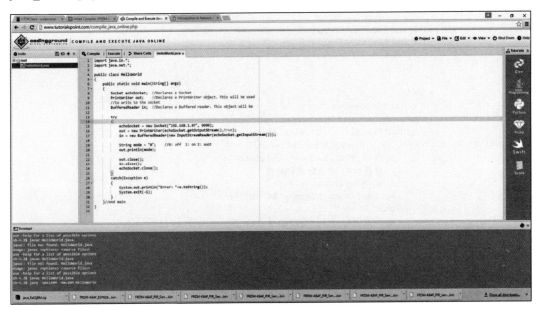

图 12-2　在线 Java 编译器

示例　12.2

```
import java.io.*;
import java.net.*;

public class TCPClient
{
   public static void main(String[] args)
   {
     Socket echoSocket;      //声明一个接口
     PrintWriter out;        //声明一个PrintWriter对象
     BufferedReader in;
     try
     {
       echoSocket = new Socket("x.x.x.x", 9999);
       out = new PrintWriter(echoSocket.getOutputStream(),true);
       in = new BufferedReader(new
InputStreamReader(echoSocket.getInputStream()));

       String mode = "0";    //0:关    1:开   2:自动
       out.println(mode);

       out.close();
```

```
            in.close();
            echoSocket.close();
        }
        catch(Exception e)
        {
            System.out.println("Error: "+e.toString());
            System.exit(-1);
        }
    }// 结束主程序
}
```

或者，你也可以将 Arm® Mbed™以太物联网入门工具包设置为一个 HTTP 客户端，用 POST 将温度值更新到一个远程的网页服务器。示例 12.3 是一个简单的示例，传输某些数据到网页浏览器（http:// httpbin.org/post）。在这个代码中，你需要导入 "HTTPClient" 库：https://os.mbed.com/users/donatien/code/HTTPClient/。

示例　12.3

```
#include "mbed.h"
#include "EthernetInterface.h"
#include "HTTPClient.h"

EthernetInterface eth;
HTTPClient http;
char str[512];

int main()
{
  eth.init();
  eth.connect();

  HTTPMap map;
  HTTPText inText(str, 512);
  map.put("Hello", "World");
  map.put("test", "1234");
  printf("\nTrying to post data...\n\r");
  ret = http.post("http://httpbin.org/post", map, &inText);
  if (!ret)
  {
   printf("Executed POST successfully - read %d characters\n",
strlen(str));
   printf("Result: %s\n\r", str);
  }
  else
  {
   printf("Error - ret = %d -
HTTP return code = %d\n\r", ret, http.getHTTPResponseCode());
  }

  eth.disconnect();

  while(1) { }
}
```

练习 12.1

将以上程序作为示例，更改示例 12.1 代码，使其用 POST 将温度数据发送到网页浏览器。

你也可以将温度值发送到一个邮箱地址。示例 12.4 是一个简单的邮箱示例。当运行时，要确保服务器、端口、用户名、密码、发送人地址和接收人地址正确。在这个示例中，你需要导入"SimpleSMTPClient"库：https://os.mbed.com/users/sunifu/code/SimpleSMTPClient/。

示例   12.4

```
#include "mbed.h"
#include "EthernetInterface.h"
#include "SimpleSMTPClient.h"

#define DOMAIN "gmail.com"
#define SERVER "smtp.gmail.com"
#define PORT "587" //25 或 587,465(出站端口 25屏蔽)
#define USER "xxxx"
#define PWD "xxxx"
#define FROM_ADDRESS "xxxx@xxxx"
#define TO_ADDRESS "xxx@xxx"

#define SUBJECT "Test Mail"

int main()
{
    EthernetInterface eth;
    eth.init();
    eth.connect();

    SimpleSMTPClient smtp;
    int ret;
    char msg[]="Hello World";

    smtp.setFromAddress(FROM_ADDRESS);
    smtp.setToAddress(TO_ADDRESS);
    smtp.setMessage(SUBJECT,msg);

    ret = smtp.sendmail(SERVER, USER, PWD, DOMAIN,PORT,SMTP_AUTH_NONE);

    if (ret) {
        printf("Email Sending Error\r\n");
    } else {
        printf("Email Sending OK\r\n");
    }

    return 0;
}
```

练习 12.2

将以上程序作为示例，更改示例 12.1 代码，使其通过邮箱发送温度数据。

一个更简单的方法是用消息队列遥测传输（MQTT）协议。示例 12.5 是示例程序，1883 端口连接到 MQTT 代理（iot.eclipse.org），创建一个主题，命名为"PX-Sensor"，发布数据（Hello World）4 次。

示例　12.5

```
#define MQTTCLIENT_QOS2 1
#include "MQTTEthernet.h"
#include "MQTTClient.h"

int arrivedcount = 0;

void messageArrived(MQTT::MessageData& md)
{
   MQTT::Message &message = md.message;
   ++arrivedcount;
}

int main(int argc, char* argv[])
{
   MQTTEthernet ipstack = MQTTEthernet();
   char* topic = "PX-Sensor";

   MQTT::Client<MQTTEthernet, Countdown> client =
MQTT::Client<MQTTEthernet, Countdown>(ipstack);

   char* hostname = "iot.eclipse.org";
   int port = 1883;

   int rc = ipstack.connect(hostname, port);

   MQTTPacket_connectData data = MQTTPacket_connectData_initializer;
   data.MQTTVersion = 3;
   data.clientID.cstring = "PX-Sensor";
   data.username.cstring = "testuser";
   data.password.cstring = "testpassword";
   if ((rc = client.connect(data)) != 0)
      printf("From MQTT connect: %d\n\r", rc);
   if ((rc = client.subscribe(topic, MQTT::QOS2, messageArrived)) != 0)
      printf("From MQTT subscribe: %d\n\r", rc);

   MQTT::Message message;

   for (int i=0;i<5;i++){
      // QoS 0
      char buf[100];
      sprintf(buf, "%d!  QoS 0 message \n", i);
      message.qos = MQTT::QOS0;
      message.retained = false;
      message.dup = false;
      message.payload = (void*)buf;
```

```
        message.payloadlen = strlen(buf)+1;
        rc = client.publish(topic, message);
        while (arrivedcount < 1)
            client.yield(100);
        wait(2);
    }

    client.unsubscribe(topic);
    client.disconnect();
    ipstack.disconnect();

    return 0;
}
```

练习 12.3

将以上程序作为示例，更改示例 12.1 代码，使其通过 MQTT 消息发送温度数据。

你可以查看标准的 MQTT 客户端，如 IBM 的 WMQTT IA92 Java 实用程序：https:// github.com/mqtt/mqtt.github.io/wiki/ia92。

你只需下载软件，按照指南安装并运行它。如果你之前没有安装 Java，那么运行程序前需要先安装 Java。图 12-3 是程序及其接收到的消息的截屏。

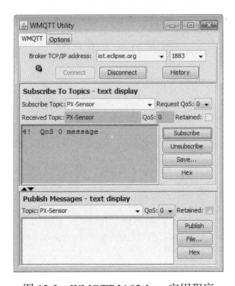

图 12-3　WMQTT IA92 Java 实用程序

更多关于 Java 的信息

https://www.java.com/en/

https://www.java.com/en/download/help/index_installing.xml

http://www.oracle.com/technetwork/topics/newtojava/learn-141096.html

12.2　智能照明

照明和加热是实用性的两个重要部分。智能照明有助于降低成本。在这个项目中，我们用 LED 表示房间的灯，用被动红外（PIR）传感器探测房间里是否有人，用光敏电阻（LDR）探测环境光，即白天或夜晚。图 12-4 是该项目的电路示意图。

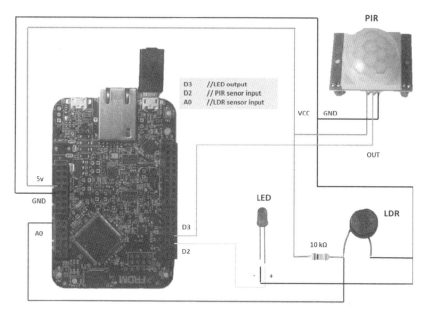

图 12-4　智能照明项目电路示意图

所需硬件

- Arm® Mbed™ FRDM-K64F 开发板
- LED
- LDR 和 10 KΩ 电阻
- PIR 传感器（HiLetgo HC-SR501）
- Mini USB 线和以太网线

所需软件

- 浏览器
- Java 编译器

步骤

示例 12.6 是电路示意图和相应的软件代码。你将需要导入以下库。

- "EthernetInterface"库——以太网连接

  https://os.mbed.com/users/mbed_official/code/EthernetInterface/

- "mbed-rtos"库——以太网接口和多线程

https://os.mbed.com/users/mbed_official/code/mbed-rtos/

该程序中有两个线程独立运行，一个用于通过 TCP 接口接收网络命令，一个用于控制光线。有以下三种模式：

- **模式 0**：默认关。在这种模式下，灯总是关的。
- **模式 1**：开。在这种模式下，灯总是开的。
- **模式 2**：自动。在这种模式下，如果有人进入房间，并且环境光是暗的，那么灯将打开；否则，灯保持关闭。

示例   12.6

```
#include "mbed.h"
#include "EthernetInterface.h"
#include "rtos.h"
#define SERVER_PORT    9999

EthernetInterface eth;
DigitalOut light(D3);    //LED 输出
DigitalIn pir(D2);       // PIR 传感器输入
AnalogIn ldr(A0);        //LDR 传感器输入

int val=0;
int mode = 0;      //0:关  ; 1:开 ;  2:自动

void socket_thread(void const *args) {

    TCPSocketServer server;
    server.bind(SERVER_PORT);
    server.listen();

    while (true) {
        TCPSocketConnection client;
        server.accept(client);
        client.set_blocking(false, 1500); // 1.5s 后超时
        printf("Connection from: %s\n", client.get_address());
        char buffer[256];
        while (true) {
            int n = client.receive(buffer, sizeof(buffer));
            if (n <= 0) break;

            // 输出终端接收到的信息
            buffer[n] = '\0';
            printf("Received message from Client :'%s'\n",buffer);

            if(strcmp(buffer,"off")==0)
            {
                mode=0;
            }
            else if(strcmp(buffer,"on")==0)
            {
                mode=1;
            }
            else if(strcmp(buffer,"auto")==0)
            {
```

```
                        mode=2;
                }    //0:自动;  1:开 ;  3:关
            }
        client.close();
    }
}

void light_thread(void const *args) {
    while (true) {
        if (mode ==0)                          // 默认关闭模式
        {
            light=0;
        }
        else if (mode ==1)                     // 开启模式
        {
            light=1;
        }
        else                                   // 自动模式
        {
            val = pir.read();
            if (val==0) {
                if (ldr.read()>0.7)            //LDR 1k ohm:全亮
                {                              //    40k omh:暗
                    light=1;
                }
            }
            else{
                light=0;
            }
        }
        Thread::wait(500);
    }
}
int main()
{
    eth.init();
    eth.connect();
    printf(" IP address: %s \r\n",eth.getIPAddress());

    Thread thread(socket_thread, NULL, osPriorityNormal,
DEFAULT_STACK_SIZE);
    Thread thread_2(light_thread, NULL, osPriorityNormal,
DEFAULT_STACK_SIZE);
    while(1){}
}
```

练习 12.4

更改示例 12.6，使其用 UDP 服务器接收消息。

示例 12.7 是 Java 接口客户端示例，它可发送 " on "" off " 和 " auto " 命令到 Arm®
Mbed™ 开发板。图 12-5 是其图形用户界面。

图 12-5　Java 接口客户端程序

示例　12.7

```java
import java.awt.*;
import java.awt.event.*;
import javax.swing.*;
import java.io.*;  // 导入 java 输入-输出库 libraries (针对
StreamReaders)
import java.net.*; // 导入 java 网络库 (针对 sockets)

public class SmartLight {

    static String SERVER="192.168.137.1";
      static int PORT = 9999;
    /**
     * Create the GUI and show it.
     */
    private static void createAndShowGUI() {
        //创建并设置窗口
        JFrame frame = new JFrame("SmartLight");
        frame.setDefaultCloseOperation(JFrame.EXIT_ON_CLOSE);

        JButton openButton = new JButton("On");
        JButton closeButton = new JButton("Off");
        JButton autoButton = new JButton("Auto");
            frame.getContentPane().setLayout(new FlowLayout ());
        frame.getContentPane().add(openButton);
        frame.getContentPane().add(closeButton);
        frame.getContentPane().add(autoButton);

            openButton.addActionListener(new ActionListener() {
                public void actionPerformed(ActionEvent e) {
                    sendcmd(SERVER, PORT,"on");
                }
            });
            closeButton.addActionListener(new ActionListener() {
                public void actionPerformed(ActionEvent e) {
                    sendcmd(SERVER, PORT,"off");
                }
            });
            autoButton.addActionListener(new ActionListener() {
                public void actionPerformed(ActionEvent e) {
                    sendcmd(SERVER, PORT,"auto");
                }
            });
        //显示窗口
        frame.pack();
        frame.setVisible(true);
    }
```

```
        private static void sendcmd(String server, int port,String cmd)
        {

            Socket echoSocket;        //声明一个窗口
        PrintWriter out;    //声明一个 PrintWriter 对象以写入该接口
to the socket
            BufferedReader in; //声明一个缓冲阅读器以读取接口
from the socket
            try
            {

                //用服务器 IP 地址和端口号举例说明一个新接口
                echoSocket = new Socket(server, port);

                //创建一个新的输出流以便写入接口
                out = new PrintWriter(echoSocket.getOutputStream(),true);

                //缓冲阅读器接口输入
                in = new BufferedReader(new InputStreamReader(
                    echoSocket.getInputStream()));

                //将用户输入写入接口并传输
                out.println(cmd);

                //将接收到的 "echo" 行写入屏幕
                JOptionPane.showMessageDialog(null, in.readLine(), "",
JOptionPane.INFORMATION_MESSAGE);

                //关闭所有输入和输出流
                out.close();
                in.close();
                echoSocket.close();
            }
            catch(Exception e)
            {
                System.out.println("Error: "+e.toString());
                System.exit(-1);
            }
        }// 结束发送命令
    public static void main(String[] args) {
        // 创建并显示该应用的图形用户界面
        javax.swing.SwingUtilities.invokeLater(new Runnable() {
            public void run() {
                createAndShowGUI();
            }
        });
    }
}
```

更多关于 Java 接口的信息

http://docs.oracle.com/javase/tutorial/networking/sockets/

https://www.tutorialspoint.com/java/java_networking.htm

12.3　声控门禁

现代手机有很多有用的特性和功能，由此可诞生很多物联网应用。在这个项目中，我们将应用安卓机的语音识别特征，制作一个声控门禁。我们将用 MIT App Inventor 2（AI2）开发手机应用，AI2 是一个很好的网页图形编程工具，由美国麻省理工学院（MIT）开发。在这个示例中，当检测到短语"open sesame"（芝麻开门）时，将发送一个命令到 FRDM-K64F 开发板，通过伺服电机把门打开。图 12-6 是该项目的电路示意图。

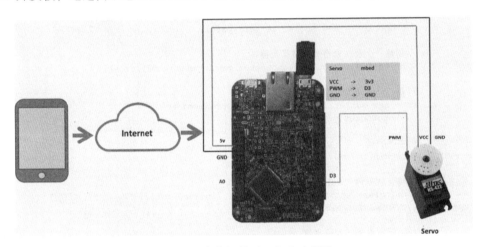

图 12-6　声控门禁项目电路示意图

所需硬件
- Arm® Mbed™ 以太物联网入门工具包（FRDM-K64F 板和 Mbed 应用板）
- 伺服电机
- 安卓手机
- Mini USB 线和以太网线

所需软件
- 浏览器
- MIT AI2 在线编译器

伺服电机规格小、价格低、可量产，通常有一个驱动轮，由 PWM 编码信号控制。典型的无线控制（RC）如图 12-6 所示。驱动轮在 0 度到 180 度间转动。伺服电机对于业余爱好者和学生机器人技术应用是非常完美的。你可以从 Amazon、Sparkfun、eBay、Cool Components 等很方便地买到伺服电机。Hitec 和 Futaba 是伺服电机的两大主要制造商。

步骤

要用 MIT AI2，只需进入 MIT AI2 网站：

http://ai2.appinventor.mit.edu。

　　然后按照指南进行注册和登录，也可以用你的谷歌账号登录。登录后，单击"Projects -> Start new project"创建一个新的项目，并为项目命名——在这个示例中，我们将其命名为"IoTProject"（图 12-7）。中间的"Viewer"窗口显示手机应用的前端，即当它运行时显示的界面。

图 12-7　MIT AI2 项目开发网页开发者界面（前端）

　　从左边"Pallette""User Interface"下面，将"Button""Textbox""Label"拖入屏幕，这将是手机应用的图形界面。然后，从"Media"栏，拖一个"SpeechRecognizer"组件到屏幕。请注意，这是手机应用上的一个隐形组件。

　　下一步，单击右上角的"Blocks"键，将显示手机应用的后端（图 12-8）。你可以通过单击"Designer"键和"Blocks"键变换前端界面和后端界面。

　　从后端界面上，用区块创建你的程序，如图 12-8 所示。若要编译程序，选择"Build -> App (provide QR code for .apk)"，如图 12-9 所示。编译成功后，将弹出一个二维码，如图 12-10 所示。用你的手机扫描二维码，安装手机应用。

　　在这个示例中，当按"SpeechRecognizer"键时，它会被激活，接收声音并转换为文字，如标签所示。如果你说的是一个秘密词语，如"open sesame"，它将发送一个网页请求 http://x.x.x.x/q=open+sesame 到 FRDM-K64F 开发板，其中"x.x.x.x"是开发板的 IP 地址。

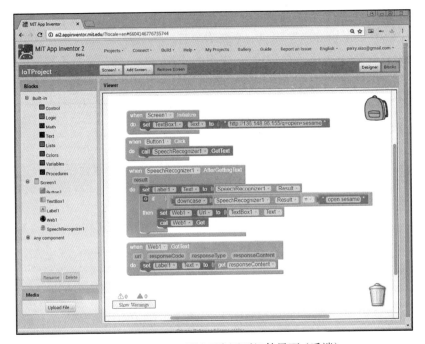

图 12-8　MIT AI2 项目开发网页组件界面（后端）

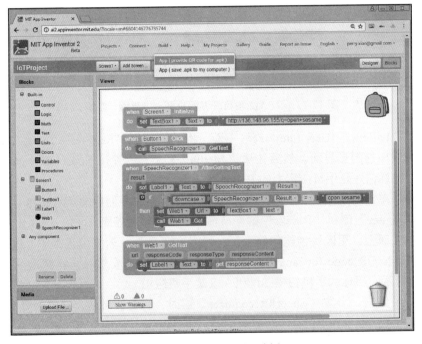

图 12-9　MIT AI2 项目编译

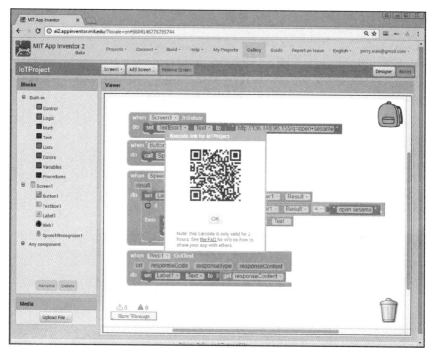

图 12-10　MIT AI2 项目二维码

示例 12.8 是 Mbed 板的相应代码。它运行“`web_sever()`”函数，在端口 80 接收 HTTP 请求消息。接收到请求后，在请求消息里搜索关键词“q=open+sesame”。如果找 到，它将回复“Door Open”；如果没有，它将回复“Door Not Open”。图 12-11 是相应 的终端输出。

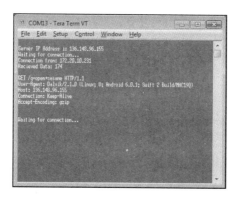

图 12-11　Tera Term 程序输出

在这个示例中，你需要导入 Servo 库：https://developer.mbed.org/users/simon/code/ Servo/docs/36b69a7ced07// classServo.html。

示例　12.8

```
#include "mbed.h"
#include "EthernetInterface.h"
#include <stdio.h>
#include <string>
#include "rtos.h"
#include "Servo.h"

#if defined(TARGET_K64F)
    Servo myservo(D9);
#elif defined(TARGET_LPC1768)
    Servo myservo(p21);
#endif

#define PORT    80

void web_server(void const *args)
{
    TCPSocketServer server;
    TCPSocketConnection client;

    server.bind(PORT);
    server.listen();

    while(true){
        printf("Waiting for connection...\r\n");
        int32_t status = server.accept(client);
        printf("Connection from: %s\r\n", client.get_address());

        if (status>=0)
        {
          char buffer[1024] = {};
          int n= client.receive(buffer, 1023);
          printf("Received Data:
%d\n\r\n\r%.*s\n\r",strlen(buffer),strlen(buffer),buffer);

            //获取/q=open+sesame HTTP/1.1
            char item[13];
            for(int k=0; k<13; k++){
                item[k]= buffer[k+5];
            }

            char Body[1024] = {};

            if (strcmp(item,"q=open+sesame")==0){
                sprintf(Body,"<html><title></title><body><h1>Door
Open</h1></body></html>\n\r\n\r");
                //移动伺服打开门
                myservo = 1;
                //等待5秒，关门
                wait(5);
                //关门
                myservo = 0;
            }
            else{
```

```
                    sprintf(Body,"<html><title></title><body><h1>Door Not
Open</h1></body></html>\n\r\n\r");
                    // 不对门做任何动作
            }


            char Header[256] = {};
        sprintf(Header,"HTTP/1.1 200 OK\n\rContent-Length: %d\n\rContent-
Type: text/html\n\rConnection: Keep-Alive\r\n\r",strlen(Body));
            client.send(Header,strlen(Header));
            client.send(Body,strlen(Body));

            client.close();
        }
    }
}
int main() {
    EthernetInterface eth;
    eth.init();
    eth.connect();
    printf("\r\nServer IP Address is %s\r\n", eth.getIPAddress());

    // 关门
    myservo = 0;
    // 等待指令
    web_server("");
    while(1){}
}
```

你也可以用网页浏览器测试程序，只需输入"https://x.x.x.x/q=open+sesame"作为 URL，连接到 FRDM-K64F 开发板，其中"x.x.x.x"是开发板的 IP 地址。你应该会得到相同的结果。

练习 12.5

更改以上示例，使其也检查客户端 IP 地址，并且只接收被允许的客户端地址所发送的消息。

更多关于 MIT App Inventor 2 的信息

http://appinventor.mit.edu/explore/

http://appinventor.mit.edu/explore/ai2/tutorials.html

更多关于 Mbed 伺服电机的信息

https://os.mbed.com/users/4180_1/notebook/an-introduction-to-servos/

https://os.mbed.com/cookbook/Servo

https://os.mbed.com/users/simon/code/Servo/docs/36b69a7ced07/classServo.html

12.4 RFID 读写器

RFID 是一项很有潜力的技术，越来越多地被用于跟踪和识别。在这个项目中，我们将展示如何用 FRDM-K64F 开发板和 SunFounder 13.56 MHz RC522 RFID 读写器以及标签工具包（图 12-12）做一个 RFID 读写器。

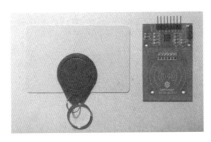

图 12-12　SuFounder 13.56MHz RFID-RC522 读写器和 RFID 标签工具包

所需硬件

- Arm® Mbed™ FRDM-K64F 开发板
- RC522 RFID 读写器和标签
- Mini USB 线和以太网线

所需软件

- 浏览器

图 12-13 是 FRDM-K64F 开发板和 RFID-RC522 读写器的连接。

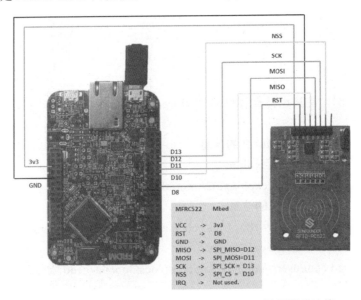

图 12-13　FRDM-K64F 开发板和 RFID-RC522 读写器的连接

步骤

示例 12.9 是 RFID 读写器的一个示例代码。它首先用 "RFID.PCD_Init()" 函数初始化 RFID 读写器，然后用 "RFID.PICC_IsNewCardPresent()" 函数检查是否出现了新的 RFID 标签。用 "RFID.PICC_ReadCardSerial()" 读取标签信息，最后输出详细内容（图 12-14）。

在这个程序中，你需要导入 RFID MFRC522 库：https://os.mbed.com/users/AtomX/code/MFRC522/。

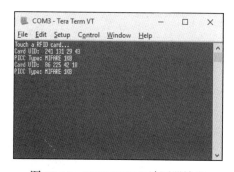

图 12-14　RFID-RC522 读写器输出

示例　12.9

```
#include "mbed.h"
#include "MFRC522.h"

//MFRC522   RfChip  (SPI_MOSI, SPI_MISO, SPI_SCK, SPI_CS, MF_RESET);
MFRC522     RFID    (D11, D12, D13, D10, D8);

int main(void) {
  printf("Touch a RFID card...\r\n");

  // 初始 RC522 芯片
  RFID.PCD_Init();

  while (true) {

    // 寻找新卡
    if ( ! RFID.PICC_IsNewCardPresent())
    {
      wait_ms(500);
      continue;
    }

    // 选择其中一个卡
    if ( ! RFID.PICC_ReadCardSerial())
    {
      wait_ms(500);
      continue;
    }

    // 输出卡户名
    printf("Card UID: ");
    for (uint8_t i = 0; i < RFID.uid.size; i++)
    {
        printf(" %d", RFID.uid.uidByte[i]);
    }
    printf("\n\r");
    // 输出卡类型
    uint8_t piccType = RFID.PICC_GetType(RFID.uid.sak);
    printf("PICC Type: %s \n\r", RFID.PICC_GetTypeName(piccType));
```

```
    wait_ms(500);
  }
}
```

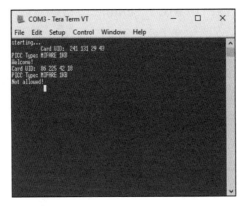

图 12-15　RFID-RC522 读写器输出

用 RFID 读写器可以根据标签创建一个访问控制，如门禁，门禁可被允许或禁止。在示例 12.10 中，在数组 "int cards[][4]" 中创建了允许访问的标签 ID 清单。如果标签的 ID 与清单中的 ID 匹配，将显示 "Welcome!"，LedGreen 将点亮；否则，将显示 "Not Allowed!"，LedRed 将点亮"。图 12-15 显示了相关的终端输出。

示例　12.10

```
#include "mbed.h"
#include "MFRC522.h"  //https://developer.mbed.org/users/AtomX/code/
MFRC522/

DigitalOut LedRed(LED1);
DigitalOut LedGreen(LED2);

//MFRC522  RfChip  (SPI_MOSI, SPI_MISO, SPI_SCK, SPI_CS, MF_RESET);
MFRC522     RFID    (D11, D12, D13, D10, D8);

int cards[][4] = {
  {241,131,29,43}, // 卡1
  {98,225,42,38}   // 卡2
};
bool access = false;
int main(void) {
  printf("starting...\n");

  // 初始 RC522芯片
  RFID.PCD_Init();

  while (true) {
    LedRed = 1;
    LedGreen = 1;
```

```
// 寻找新卡
if ( ! RFID.PICC_IsNewCardPresent())
{
  wait_ms(500);
  continue;
}

// 选择其中一个卡
if ( ! RFID.PICC_ReadCardSerial())
{
  wait_ms(500);
  continue;
}



// 输出卡用户名
printf("Card UID: ");
for (uint8_t i = 0; i < RFID.uid.size; i++)
{
    printf(" %d", RFID.uid.uidByte[i]);
}
printf("\n\r");
// 输出卡类型
uint8_t piccType = RFID.PICC_GetType(RFID.uid.sak);
printf("PICC Type: %s \n\r", RFID.PICC_GetTypeName(piccType));

for(int x = 0; x < sizeof(cards); x++){
    for(int i = 0; i < sizeof(RFID.uid.size); i++ ){
        if(RFID.uid.uidByte[i] != cards[x][i]) {
            access = false;
            break;
        } else {
            access = true;
        }
    }
    if(access) break;
}
if(access){
        printf("Welcome!\n\r");
        LedGreen = 0;
} else {
        printf("Not allowed!\n\r");
        LedRed = 0;
}

wait_ms(500);
  }
}
```

练习 12.6

更改以上示例 12.10，使其只允许特定 RFID 卡在上午 9 点到下午 5 点之间访问。

更多关于 RFID RC522 的信息

https://os.mbed.com/users/kirchnet/code/RFID-RC522/

https://os.mbed.com/users/nivmukka/code/Personal-Alert-System-using-RFID-with-FR/

https://www.sunfounder.com/wiki/index.php?title=Mifare_RC522_Module_RFID_Reader

12.5　基于 IBM Watson Bluemix 的云示例

IBM Watson 物联网平台是一个强大的云平台，可以快速创建分析应用、可视化控制面板和移动物联网应用。用 Arm® Mbed ™以太物联网入门工具包，可以很方便地连接到 IBM Watson 物联网平台。

所需硬件

- Arm® Mbed ™以太物联网入门工具包（FRDM-K64F 板和 Mbed 应用板）
- Mini USB 线和以太网线

所需软件

- 浏览器

步骤

只需将物联网入门工具包通过 USB 连接到你的计算机，通过以太网线连接到互联网。从以下链接（如图 12-16）将"IBMIoTClientEthernetExample"程序导入在线编译器，编译并上传到开发板。这个程序将通过 MQTT 发送加速计、温度传感器、控制杆、电位计 1 和 2 的数据到 IBM Watson 物联网平台，也将在 LCD 上显示一个信息菜单。可用控制杆滚动菜单以获取信息，如设备 ID、MQTT 状态、以太网状态、接口状态和 IP 地址。

https://os.mbed.com/platforms/IBMEthernetKit/。

图 12-16　IBM 物联网客户端以太网示例程序页

12.5.1　IBM 快速入门服务

示例程序默认用 IBM 快速入门服务发送数据，你可以查看以下网址（图 12-17），无须注册。

https://ibm.biz/iotqstart/。

只需输入正确的设备 ID，单击"Go"键。设备 ID 一般为 MAC 地址，可通过滚动控制杆从 LCD 菜单获取。现在你应该能看到所有的传感器数据和相应的图表，如图 12-18 所示。

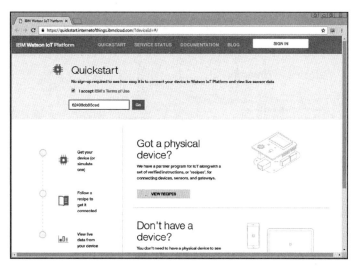

图 12-17　IBM 快速入门服务页

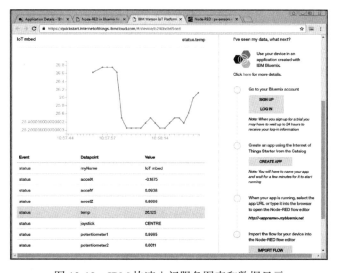

图 12-18　IBM 快速入门服务图表和数据显示

12.5.2 IBM 注册服务（Bluemix）

要创建你自己的应用，以及查看和处理数据，你将需要在 IBM Watson Bluemix 网站上注册：https://console.ng.bluemix.net/。

你可以注册一个 30 天免费试用的账号（图 12-19），30 天后你将需要提供信用卡信息，但是只要所连接的设备数量和数据指标低于特定水平，仍可继续免费使用。IBM 收费信息请见以下网站：https://www.ibm.com/internet-of-things/platform/pricing/。

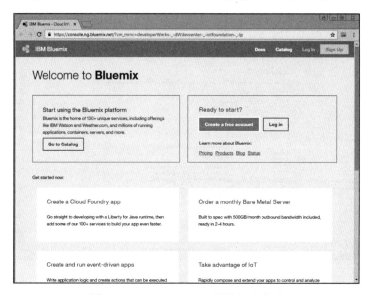

图 12-19　IBM Bluemix 注册和登录页

只需按照指南注册和登录，登录后你将需要选择国家，创建一个机构和项目名称，如图 12-20 所示。在这个示例中，国家是"UK"，机构是"London South Bank University"，项目名称是"IoT Projects"。单击蓝色"Create App"键创建你的应用程序。

然后你将进入 IBM Watson 目录页，在 Boilerplates 中选择"Internet of Things Platform Starter"（图 12-21）。Boilerplates 是现成的软件模块，可用在你的应用里。

然后你将进入一个新的页面。首先为应用和主题创建名称，然后单击"Create"键（图 12-22）。创建应用将需要几分钟的时间。完成后，单击应用 URL 打开 Node-RED 物联网加载页（图 12-23）。

单击"Go to your Node-RED flow editor"键，将出现一个默认的 IBM 物联网快速入门 Node-RED 程序（图 12-24）。这个程序有两部分，或者说有两个流程。上面的流程可以发送数据到 IBM 物联网入门工具包，下面的流程可以从入门工具包接收温度数据。为了使程序运行，单击下面流程中的蓝色模块"IBM IoT App In"，将出现一个控制面板（图 12-25）。输入正确的设备 ID 即可。请确保"Authentication"是"Quickstart"。

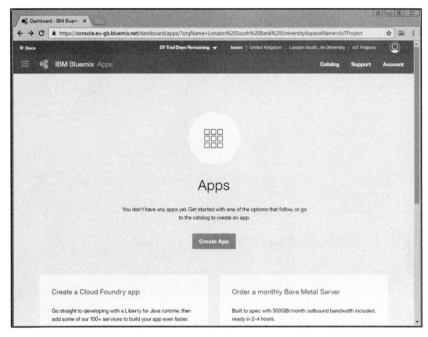

图 12-20 登录后的 Bluemix 主页

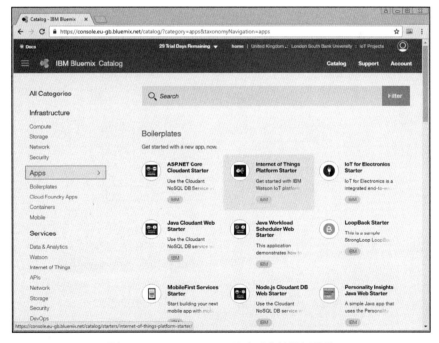

图 12-21 IBM Bluemix 目录页中的样板软件

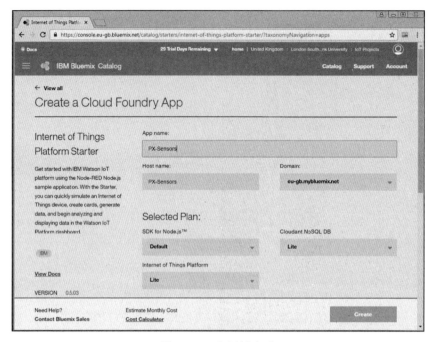

图 12-22　应用创建页

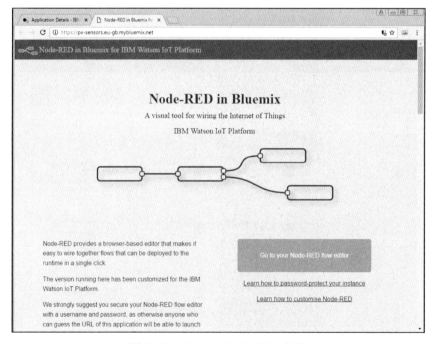

图 12-23　Bluemix Node-RED 主页

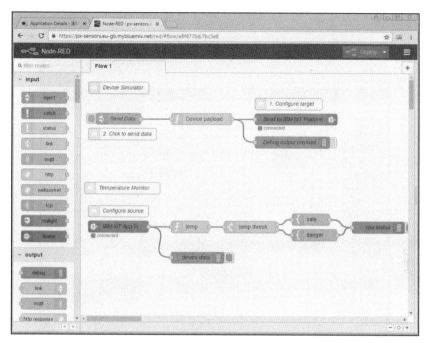

图 12-24　IBM 物联网 Node-RED 默认应用页

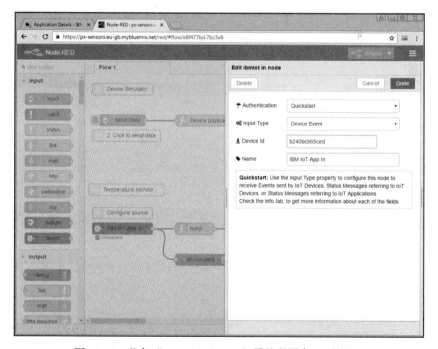

图 12-25　蓝色 "IBM IoT App In" 模块的设备 ID 的配置

确定设备 ID 配置正确后，选择绿色模块 " device data "，然后单击页面右边的 "debug" 键，可以看到开始读取温度数据，如图 12-26 所示。

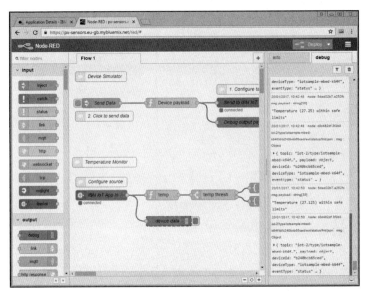

图 12-26　蓝色 "IBM IoT App In" 模块的设备 ID 的配置

单击 " temp thresh " 模块，你可以设定一个温度阈值，如果温度高于这个值，将显示警告（图 12-27）。

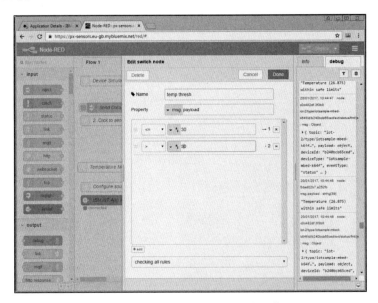

图 12-27　"temp thresh" 模块的温度阈值配置

你也可以从入门工具包读取电位计。只需从左边"function"面板中拖一个函数模块，放在下面流程的下方，用蓝色模块"IBM IoT App In"连接，如图 12-28 所示。单击函数模块并输入配置信息，如图 12-29 所示。

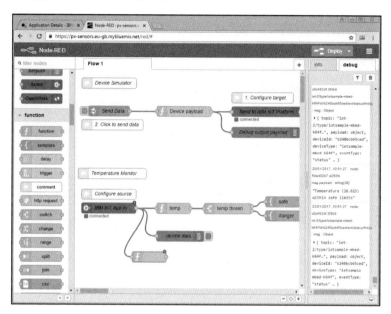

图 12-28　添加一个函数模块到上面的流程

图 12-29　"Potentiometer 1"函数模块的配置

从左边"output"面板中,拖一个调试模块到下面的流程,改为"msg.payload",连接到"Potentiometer 1"函数模块,如图 12-30 所示。

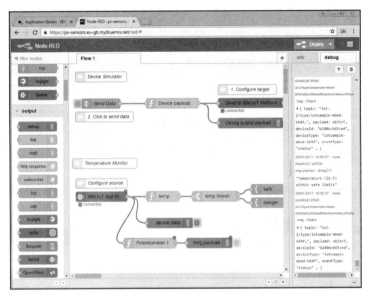

图 12-30 添加一个调试模块到"Potentiometer 1"函数模块

现在选择绿色模块"msg.payload",然后单击页面右边的"debug"标签,你应该会看到开始读取电位计 1 的数据,如图 12-31 所示。

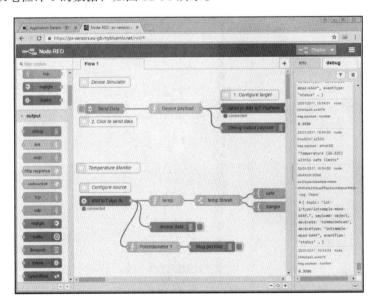

图 12-31 "msg.payload"调试模块的调试输出

12.5.3　将 IBM Watson 物联网服务添加到应用中

要将 IBM Watson 物联网 Bluemix 服务添加到你的应用中，选择 Bluemix 目录中的物联网平台服务（图 12-32）。

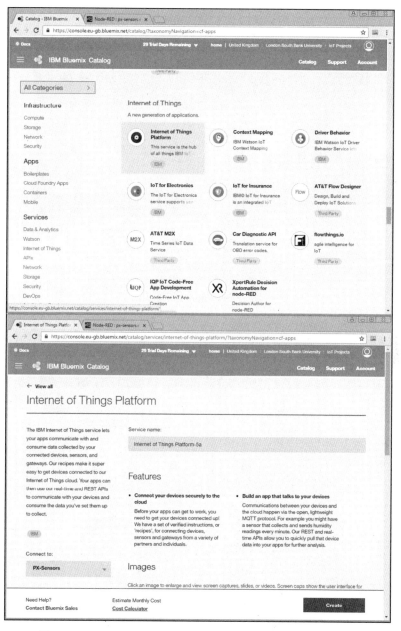

图 12-32　IBM Bluemix 服务目录（上）和物联网平台服务（下）

单击左下角的蓝色"Create"键。

当出现提示时，选择"Restage"重置应用，如图 12-33 所示。

选择所创建的物联网平台服务（图 12-34），将进入物联网服务控制面板（图 12-35）。

单击右上角"+ Create New Board"键，即可添加新设备（图 12-36）。

图 12-33　重置你的应用

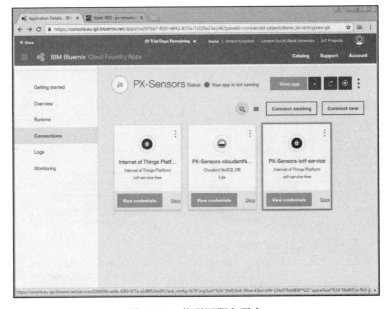

图 12-34　物联网服务平台

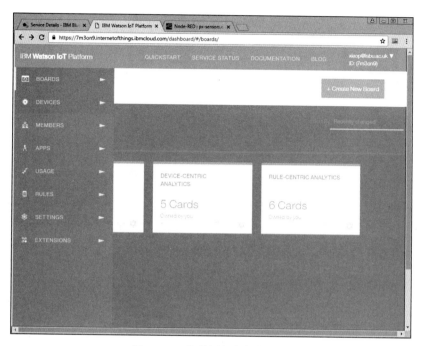

图 12-35　物联网服务控制面板

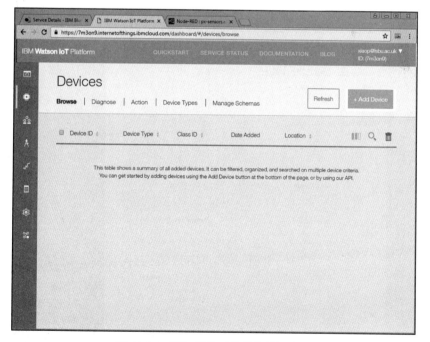

图 12-36　添加设备到你的物联网应用

12.5.4 将 Mbed 设备添加到 Watson 物联网架构

如图 12-36 所示，单击右上角的蓝色"＋Add Device"键，即可创建设备类型页，然后输入相应的信息，如设备类型、设备 ID 等，完成每页后单击"Next"键（如图 12-37～图 12-40 所示）。

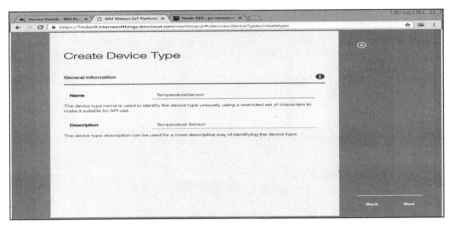

图 12-37　创建设备类型——基本信息

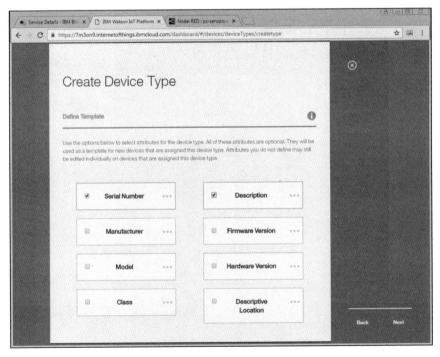

图 12-38　创建设备类型——定义模板

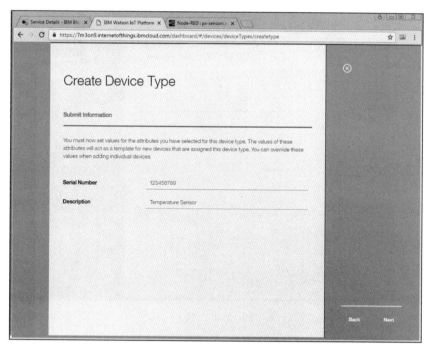

图 12-39　创建设备类型——提交信息

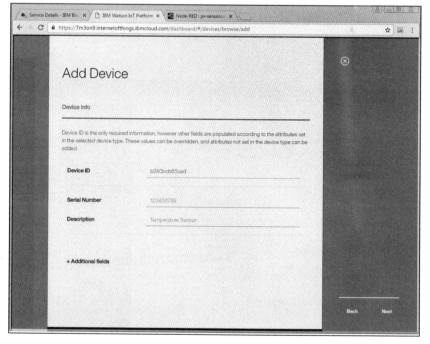

图 12-40　添加设备——设备信息（上）和添加设备——总结（下）

图 12-40 （续）

12.5.5 将证书添加到 Mbed 设备

现在你可以获得设备证书，如图 12-41 所示。将其复制并添加到 IBM 物联网客户端以太网示例程序代码，如图 12-42 所示。在 Mbed 设备上编译并运行该程序。现在设备将在注册模式下运行。

图 12-41 设备注册证书

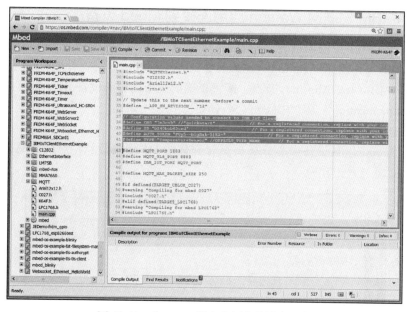

图 12-42　在 Mbed 程序中用你的设备证书

现在你应该可以从 IBM Bluemix 应用上看到所有的 Mbed 板的传感器信息，如图 12-43 所示。

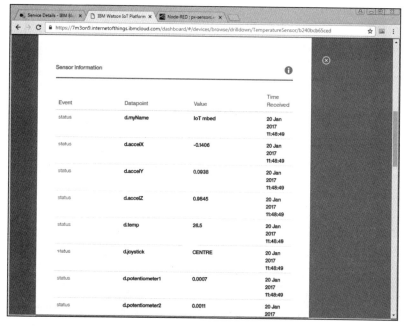

图 12-43　IBM Bluemix 应用中的 Mbed 设备传感器信息

12.5.6　将 IBM 物联网 Watson 应用连接到 Mbed 设备

从 IBM Bluemix 控制面板上，如图 12-44 所示，选择你的应用并单击应用 URL 打开 Node-RED 加载页，选择"Go to your Node-RED flow editor"键查看你的应用。双击流程编辑器上的"IBM IoT App In"节点，配置正确的设备类型和设备 ID，如图 12-45 所示。请确保"Authentication"是"Bluemix Service"。

单击红色"Deploy"键，运行你的应用。

现在你应该可以从设备中心分析页上看到你的 Mbed 设备和相应的传感器数据，如图 12-46 所示。

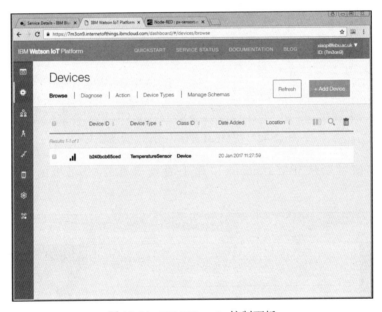

图 12-44　IBM Bluemix 控制面板

图 12-45　IBM Watson 物联网应用 Node-RED 页

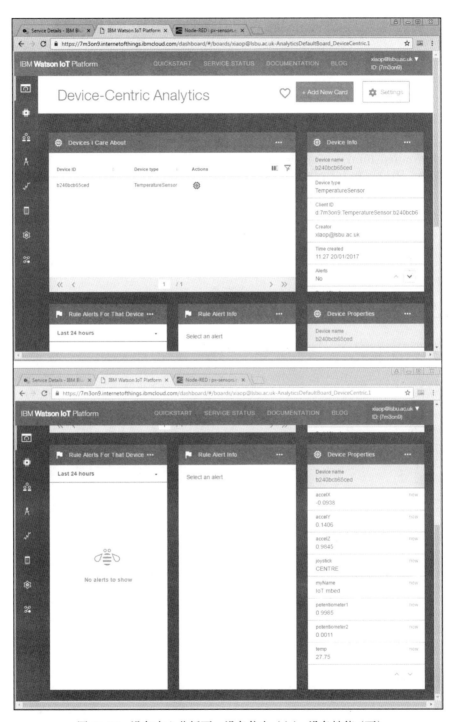

图 12-46　设备中心分析页，设备信息（上），设备性能（下）

12.5.7 从 IBM 物联网 Watson 应用发送命令到 Mbed 板

从你的 Node-RED 编辑器上，导航到屏幕右上角的菜单，选择"Import!"→"Clipboard"，如图 12-47 所示。

从以下链接复制 JSON 字符串并粘贴到 Node-RED 的对话框里，选择"Import"，所输入的 JSON 代码将生成一个新的子流程，如图 12-48 所示。

> https://raw.githubusercontent.com/ibm-messaging/iot-device-samples/master/mbed/
> ARM-mbed-Blink-LED.json?cm_mc_uid=14431715020414847496313&cm_
> mc_sid_50200000=1484906035

将"blick rate"节点与"Potentiometer 1"连接，如图 12-49 所示。

双击"IBM IoT Out"节点，输入相应的配置信息，如图 12-50 所示。完成后，单击"Deploy"键激活程序。

现在，通过扭转电位计 1，你应该可以改变蓝色 LED 的闪光频率。图 12-51 是相应的终端输出。

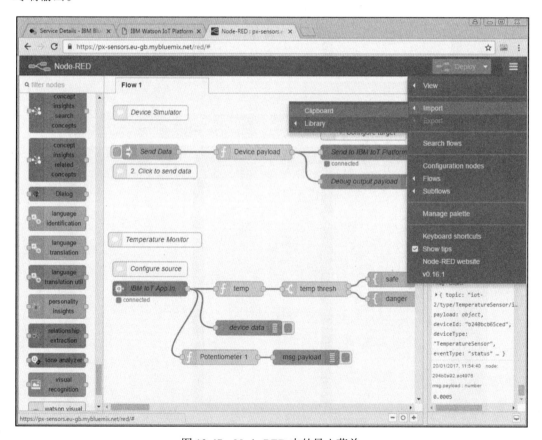

图 12-47　Node-RED 中的导入菜单

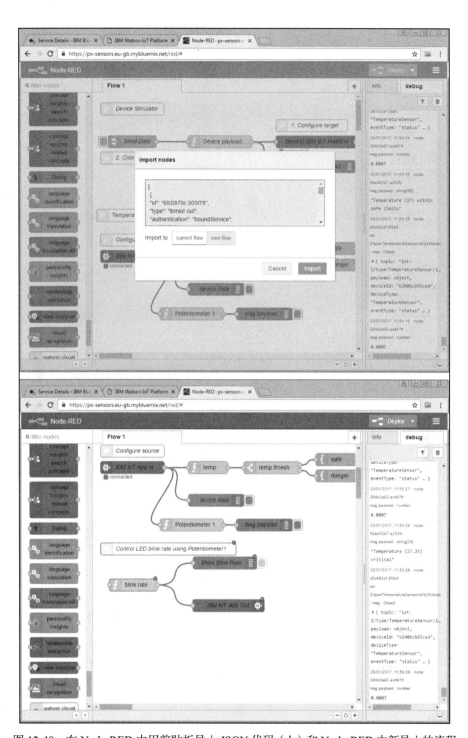

图 12-48　在 Node-RED 中用剪贴板导入 JSON 代码（上）和 Node-RED 中新导入的流程

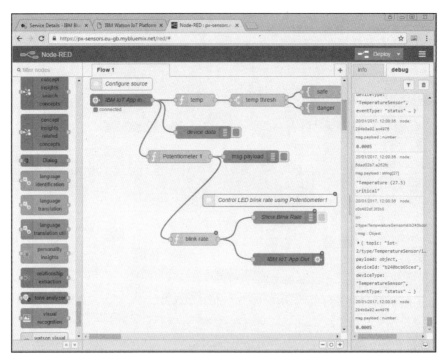

图 12-49　连接 "blick rate" 节点与 "Potentiometer 1"

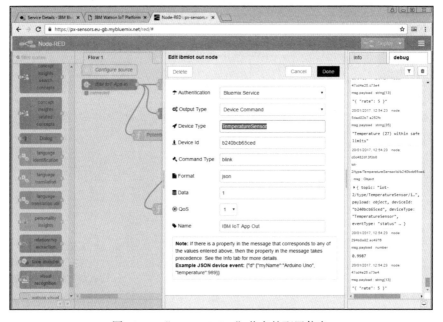

图 12-50　"IBM IoT Out" 节点的配置信息

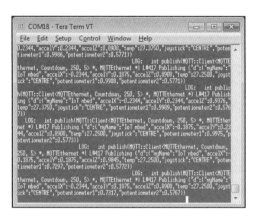

图 12-51　相应的 Tera Term 输出

12.5.8　更多关于 Node-RED

从你的 Node-RED 编辑器上，导航到屏幕右上角的菜单，选择"Manage palette"，如图 12-52 所示。

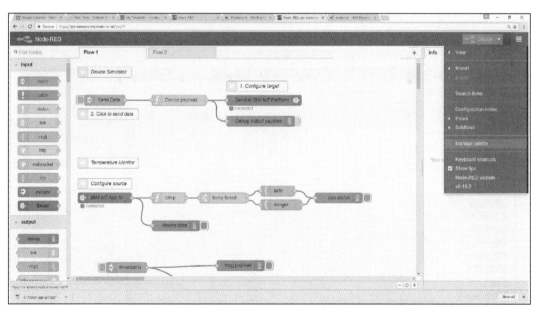

图 12-52　Node-RED 编辑器中的"manage palette"菜单

在 Node-RED 编辑器的左边将出现一个"Install"标签，如图 12-53 所示。搜索"dashboard"，选择"node-red-dashboard"，单击红色键"Done"。

现在应该已安装 Node-RED 控制面板模块，在 Node-RED 编辑器的左边，如图 12-54

所示。你可以看到，有一系列的小工具，如按键、开关、滑块、仪表、形式、图表等。

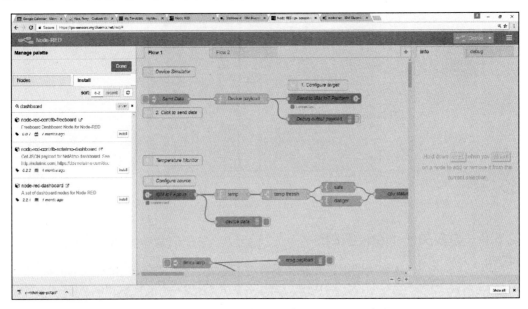

图 12-53　Node-RED 编辑器左侧的"Install"标签

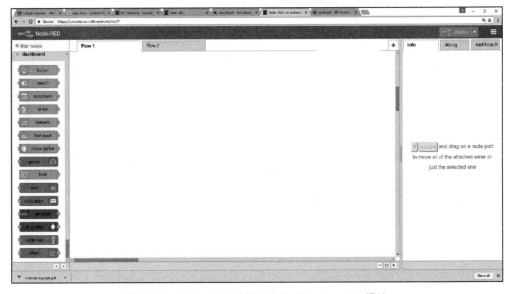

图 12-54　Node-RED 编辑器中的"dashboard"模块

图 12-55 展示了添加一个图标到程序，连接到"temp"节点，图 12-56 是应用网页上相应的图表。

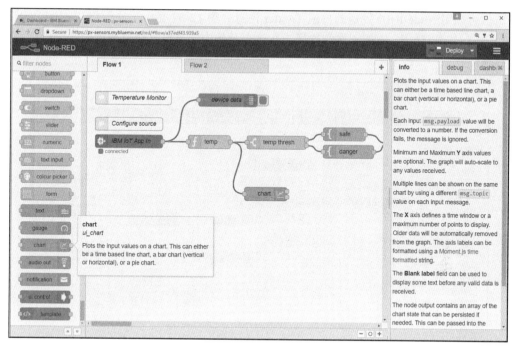

图 12-55　在 Node-RED 编辑器中添加一个 "chart" 节点到程序

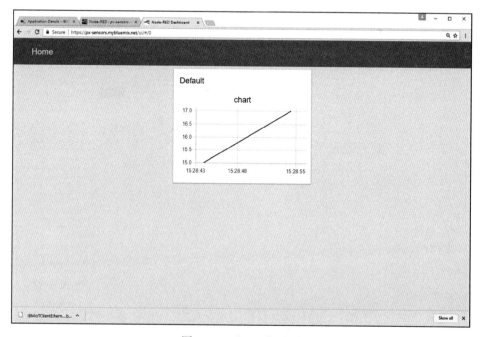

图 12-56　"chart" 显示

你可以用 Node-RED 发送邮件或 Twitter 消息。图 12-57 显示了如何将"email"节点（在"social"目录下）添加到你的程序。在这个示例中，当温度超过阈值时，将给你发送一封邮件。

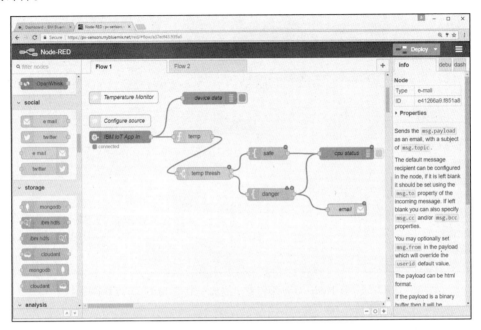

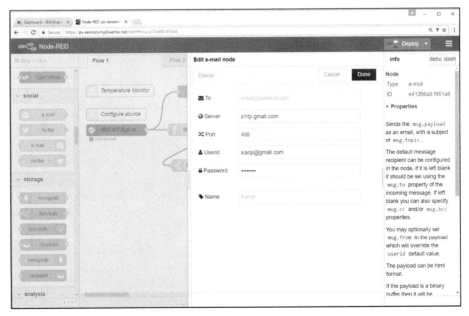

图 12-57　添加"email"节点到你的程序（上）以及相应的 email 配置（下）

图 12-58 展示了如何将 "twitter" 节点（在 "social" 目录下）添加到你的程序，以及相应的配置。在这个示例中，当温度超过阈值时，将给你发送一条 Twitter 消息。

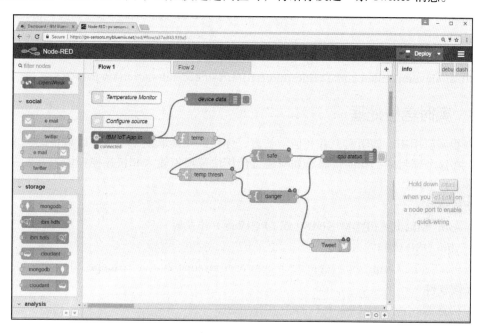

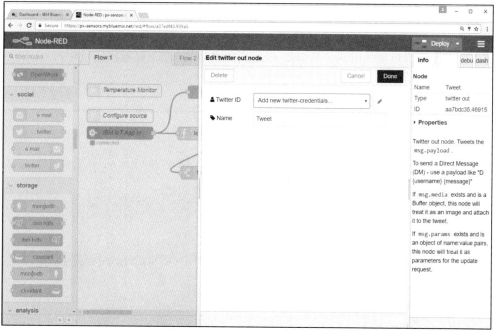

图 12-58　添加 "twitter" 节点到你的程序（上）以及相应的 Twitter 配置（下）

更多关于 IBM Watson 和物联网入门工具包的信息

https://console.ng.bluemix.net/docs/starters/IoT/iot500.html

http://www.instructables.com/id/Making-a-IoT-cloud-service-with-ARM-mbed- platform-/?ALLSTEPS

https://developer.ibm.com/recipes/tutorials/arm-mbed-iot-starter-kit-part-1/

https://developer.ibm.com/recipes/tutorials/arm-mbed-iot-starter-kit-part-2/

12.6 实时信号处理

在很多应用中，如实时声音和信号处理，你将需要读取模拟输入并以最快的速度进行处理。在这个项目中，我们将展示如何通过使用快速模拟输入和快速模拟输出开发一个实时信号处理应用。

所需硬件

- Arm® Mbed ™ FRDM-K64F（或 LPC1768）开发板
- Mini USB 线和以太网线
- PicoScope（https://www.picotech.com/oscilloscope/2000/picoscope-2000-overview）

所需软件

- 浏览器

步骤

示例 12.11 用 A0 作为模拟输入（对于 LPC1768，是 P17），用计时器记录时间。它首先用一个 while 循环从模拟输入中读取 4096 个数据点，同时用计时器的 "read_us()" 函数获取以微秒为单位的时间，然后用 for 循环将时间（秒）和数据通过模拟 COM 端口输出到计算机。

示例　12.11

```
#include "mbed.h"

#if defined(TARGET_K64F)
  AnalogIn   ain(A0);
#elif defined(TARGET_LPC1768)
  AnalogIn   ain(p17);
#endif

Timer t;
double t1=0,t0=0,tp=0;

int main(void)
{
    t.start();
    t0=t.read_us();
    int i=0;
    double dt[4096];
    double val[4096];
```

```
printf("Recording..................\r\n");
while (i<4096) {
    val[i]=ain.read();
    t1=t.read_us()-t0;
    dt[i]=((t1)*0.000001);
    tp=t1;
    i++;
}
printf("Printing..................\r\n");
for(i=0;i<4096;i++){
    printf("%f\t%f\r\n",dt[i],val[i]);
}
printf("Done......................\r\n");
}
```

图 12-59 是相应的 Arduino 串口监视器输出。第一栏是时间，以秒为单位。第二栏是模拟输入值。我们可以看到，它可以快达 0.000 02 秒或 20 微秒的速度读取输入，即大约 50 KHz！

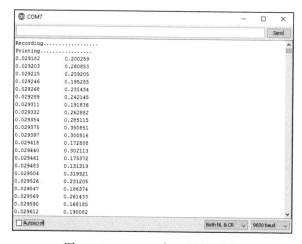

图 12-59　Arduino 串口监视器输出

练习 12.7

更改以上程序，使其将时间和数据值保存到 SD 卡（对于 LPC1768 是本地文件系统）的文本文件上。

对于 LPC1768 开发板，有一个 FastAnalogIn 库，见以下链接。它利用突发特征在后端读取模拟输入。

https://os.mbed.com/users/Sissors/code/FastAnalogIn/。

示例 12.12 用 FastAnalogIn 库从 P15 引脚读取模拟输入，同时用计时器获取时间信息。首先开启时间，然后用一个"for"循环读取 4096 个数据点（如 16 位整数），再用另一个"**for**"循环将时间（微秒）和数据写入一个名为"out2.txt"文本文件。

示例　12.12

```
#include "mbed.h"
#include "FastAnalogIn.h"

FastAnalogIn input1(p15);
Timer t;
LocalFileSystem local("local");
struct packet{
    int times[4096];
    uint16_t samples1[4096];
};
int main() {
    t.start();
    packet sample_data;
    for(int i=0; i<4096; i++) {
        sample_data.times[i] = t.read_us();
        sample_data.samples1[i] = input1.read_u16();
    }
    FILE *fp = fopen("/local/out2.txt", "w");
    for(int i=0;i<4096;i++){
        fprintf(fp, "%d\t%d\r\n",sample_data.times[i],sample_
data.samples1[i]);
    }
    fclose(fp);
}
```

图 12-60 是"out2.txt"的内容，第一栏是时间（微秒），第二栏是数据（16 位整数）。我们可以看到，它可以快达 2 微秒的速度读取数据，即 500 KHz 的惊人速度！这比正常模拟输入快 10 倍！

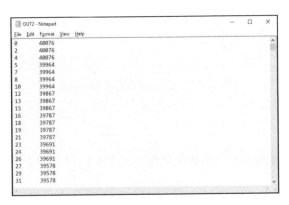

图 12-60　out2.txt 文件内容

但不幸的是，FastAnalogIn 库仅支持一部分开发板：

- LPC1768
- LPC4088

- LPC11u24
- KLxx
- K20D50M

不支持 FRDM-K64F 板。

示例 12.13 展示了如何生成快速模拟输出，而设定模拟输出引脚 DAC0_OUT（对于 LPC1768，是 P18）在 0.5（1.65V）和 0（0V）之间毫无延迟地交替变换。

示例　12.13

```
#include "mbed.h"

#if defined(TARGET_K64F)
   AnalogOut   aout(DAC0_OUT);
#elif defined(TARGET_LPC1768)
   AnalogIn    aout(p18);
#endif

int main(void)
{
    while (1) {
        aout.write(0.5f);            // 或 aout = 0.5f;
        aout.write(0.0f);
    }
}
```

同样，我们可以用示波器观察模拟输出。图 12-61 是相应的 PicoScope 输出。结果显示，我们可以将模拟输出设置到快达 666.7 Hz。

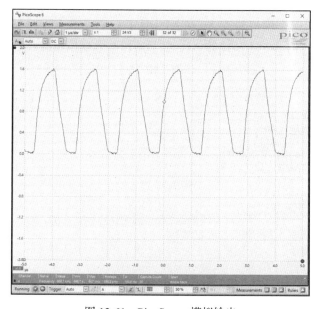

图 12-61　PicoScope 模拟输出

通过结合快速模拟输入和快速模拟输出，我们可以做一个非常有用的程序，执行实时信号处理。示例 12.14 首先读取模拟输入（val），然后更新（vals），即 20% 的（val）加之前的 80% 的（vals）。相当于运用一个低通滤波器，去除高频波，使数据平滑，最后将（vals）传递给模拟输出。在这个示例中，模拟输出是限制因子，所以程序应该可以处理高达 666.7 Hz 的声音和信号。

示例　12.14

```
#include "mbed.h"

#if defined(TARGET_K64F)
    AnalogIn    ain(A0);
    AnalogOut   aout(DAC0_OUT);
#elif defined(TARGET_LPC1768)
    AnalogIn    ain(p17);
    AnalogIn    aout(p18);
#endif

int main(void)
{
    double val=0;
    double vals=0;

    while (true) {
      val=ain.read();
      vals = 0.2*val + 0.8*vals;  // 低通滤波器平滑
      aout.write(vals);
    }
}
```

示例 12.15 读取两个模拟输入 A0 和 A1（对于 LPC1768，是 P16 和 P17），计算一个加权平均数，即 30% 的 A0 和 70% 的 A1，然后将值写入模拟输出。

示例　12.15

```
#include "mbed.h"

#if defined(TARGET_K64F)
    AnalogIn    ain1(A0);
    AnalogIn    ain2(A1);
    AnalogOut   aout(DAC0_OUT);
#elif defined(TARGET_LPC1768)
    AnalogIn    ain1(p16);
    AnalogIn    ain2(p17);
    AnalogIn    aout(p18);
#endif

int main(void)
{
    while (true) {
        aout = 0.3*ain1.read()+ 0.7*ain2.read();
    }
}
```

示例 12.16 读取模拟输入 A0（对于 LPC1768 是 P16），延迟 9 次，将值写入模拟输出。

示例　12.16

```
#include "mbed.h"

#if defined(TARGET_K64F)
   AnalogIn    ain(A0);
   AnalogOut   aout(DAC0_OUT);
#elif defined(TARGET_LPC1768)
   AnalogIn    ain(p17);
   AnalogIn    aout(p18);
#endif

int main(void)
{
   double val[10];
   int i=0;
   while (true) {
       val[i%10] = ain.read();
       if(i>=10){
           aout.write(val[i-1]);
       }
       i++;
   }
}
```

练习 12.8

更改以上程序，使其读取模拟输入 A0 和 A2，延迟 A1 九次，然后将平均值写入模拟输出。

更多关于 FastAnalogIn 的信息

https://os.mbed.com/users/Sissors/code/FastAnalogIn/

12.7　小结

本章提供了一些用 Arm® Mbed™以太物联网入门工具包开发的物联网项目示例，如基于网络的温度监测、智能照明、声控门禁、RFID 读取器、基于 IBM Watson Bluemix 的云示例，以及快速模拟输入和输出。

附　录

示 例 代 码

本书中所有的示例代码都来自于以下网站：http://www.wiley.com\go\xiao\designingem beddedsystemandIoTwitharmmbed。

要从在线编译器上使用这些示例代码，只需单击左上方菜单中的"Import!"键，将在中间显示"Import Wizard"，选择"Upload"标签，将在下面出现一个"Choose File"键（图 A-1）。请注意禁止"Import Wizard"控制面板右上角的"Import!"键。

单击"Choose File"键，导航到你已经下载了的示例代码文件的目录，选择你想要导入的示例文件，单击"Open"键（图 A-2）。所有示例代码都在压缩文件里。

所选择的文件将出现在"Upload"标签栏里，现在开启"Import Wizard"控制面板右上角的"Import!"键，单击"Import!"键导入文件（图 A-3）。

将弹出一个"Import Programs"窗口，如果需要，可在此修改导入名称（图 A-4）。

示例程序现在应该已导入，你可以编译并运行它（图 A-5）。

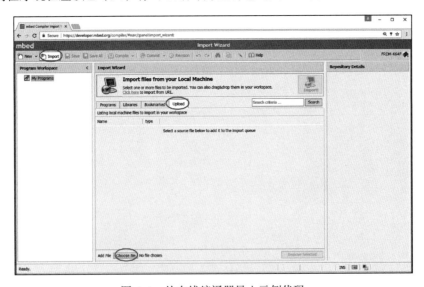

图 A-1　从在线编译器导入示例代码

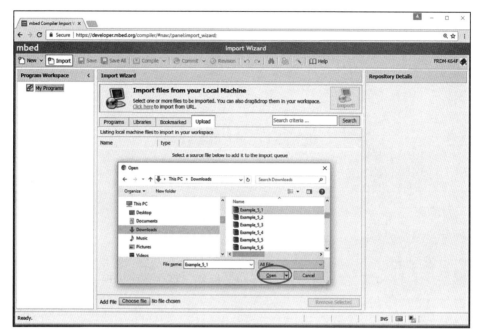

图 A-2　选择示例代码文件并导入

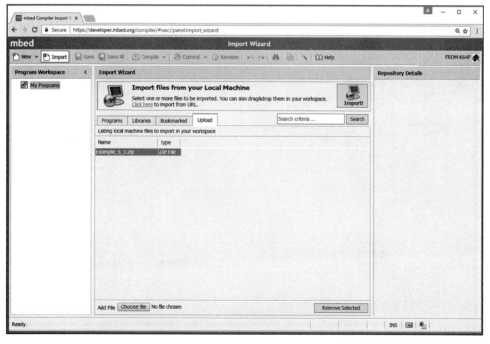

图 A-3　单击"Import!"键导入文件

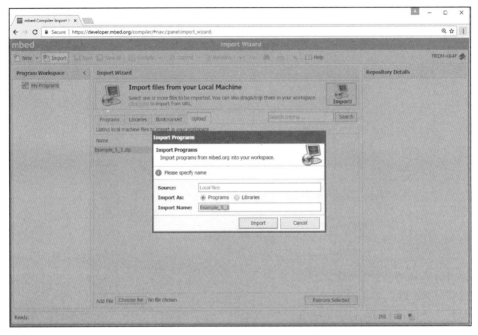

图 A-4 "Import Programs" 弹出窗口

图 A-5 已导入的示例代码

HiveMQ MQTT 代理

HiveMQ MQTT 代理是一种很常用的 MQTT 软件，提供 Websocket、安全和 Socket 服务。我们将用 HiveMQ 作为示例，展示如何安装和配置 MQTT 代理软件。

如图 B-1 所示，进入 HiveMQ 网站，按照指南下载软件并解压到一个文件夹，如图 B-2 所示。在这个示例中，下载并解压到了 "This PC > Downloads" 文件夹。进入 HiveMQ 的 "bin" 目录，双击 "run" 文件，运行 HiveMQ MQTT 代理软件。如果一切顺利，你将看到软件屏幕输出如图 B-3 所示。由于我们没有购买任何许可，因此限制为 25 个连接。

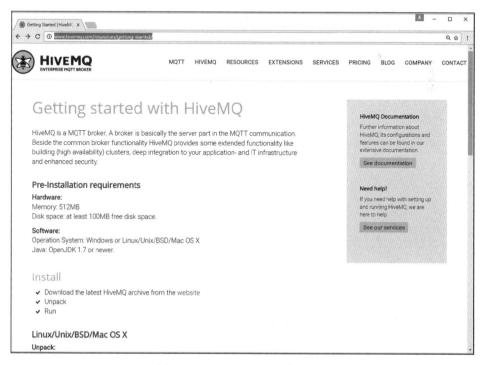

图 B-1　HiveMQ MQTT 代理网站

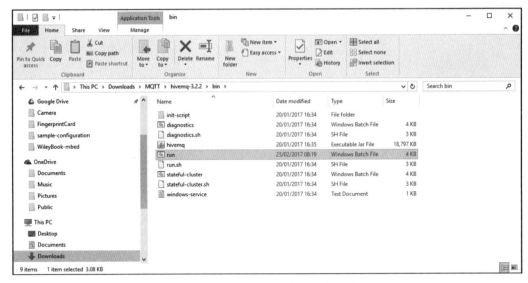

图 B-2 HiveMQ MQTT 代理软件文件夹

图 B-3 HiveMQ MQTT 代理软件屏幕输出

HiveMQ MQTT 软件在 Java 环境中运行，因此如果计算机上没有安装 Java 开发工具包软件，你需要从其 Oracle 网站上下载并安装 Java JDK（不是 JRE）软件：http://www.oracle.com/technetwork/java/javase/downloads/index.html。

要测试 HiveMQ MQTT 代理，需要 MQTT 客户端软件。Eclipse Paho 是最流行的 MQTT 客户端软件之一。要使用该软件，只需进入 Eclipse Paho 网站，按照指南下载并安装软件即可，如图 B-4 所示。

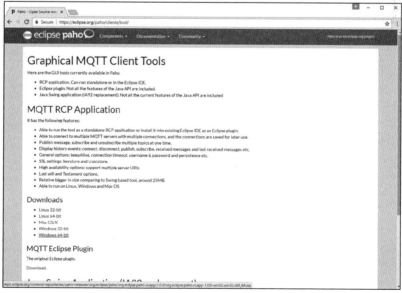

图 B-4   Eclipse Paho 网站（上）及其下载页面（下）

　　图 B-5 是 Eclipse Paho MQTT 客户端软件的输出。如图所示,你可以连接到 MQTT
代理(tcp://localhost:1883),订阅一个主题,在这个示例中是"Perry Test",指定服务质
量级别(0、1 或 2),并发布消息。

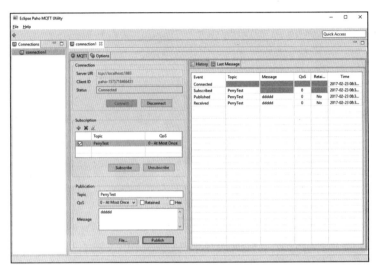

图 B-5　Eclipse Paho MQTT 客户端软件输出

　　你也可以安装若干个插件,使 HiveMQ 软件变得更有趣。如图 B-6 所示,"Extensions"
菜单里,如"Security Plugins"和"MQTT Message Log"(监控插件)。只需下载并解压
相应文件到 HiveMQ 软件的插件文件夹,如图 B-7 所示。

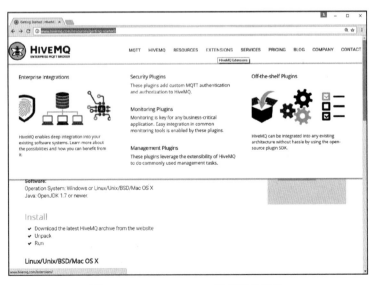

图 B-6　HiveMQ MQTT 代理软件插件

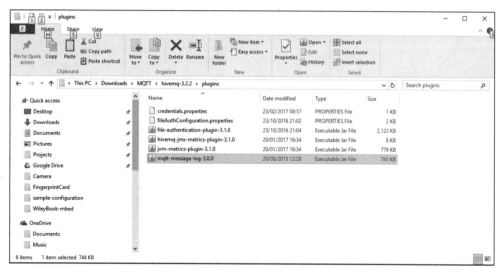

图 B-7　HiveMQ MQTT 代理软件插件文件夹

要执行安全插件，需要更改插件文件夹里的"credentials.properties"文件，如图 B-8 所示。在这个示例中，我们添加了一个名为"perry"的用户，密码为"1111"。

或者，你也可以用插件文件夹里的"file-authentication-plugin-utility-1.1.jar"程序手动添加、配置、列出和移除用户，如图 B-9 所示。从插件文件夹里打开命令提示终端程序，运行以下 Java 命令：java -jar utility/file-authentication-plugin-utility-1.1.jar。

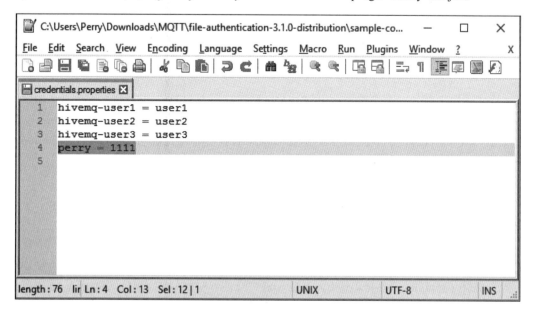

图 B-8　更改"credentials.properties"文件

图 B-9 用"file-authentication-plugin-utility-1.1.jar"程序进行用户管理

要实现以上变化，需要重新运行 HiveMQ MQTT 代理软件，如图 B-2 和图 B-3 所示。

现在，如果回到 Eclipse Paho MQTT 客户端软件，如图 B-5 所示，当尝试连接 HiveMQ MQTT 代理时，将出现一个错误消息。要获得验证，可从 Paho 软件" Options"标签栏里，选中" Enable Login"复选框，输入用户名（perry）和密码（1111）。回到"MQTT"标签栏，现在应该可以连接代理并发布消息了。

" HiveMQ Message Log"插件将所有活动、用户和消息记录在 HiveMQ" log"子文件夹的一个日志文件里。

HiveMQ 软件也可提供 WebSocket 服务。要激活 WebSocket 服务，进入 HiveMQ 软件文件夹，然后进入" conf"->" examples"->" configuration"子文件夹（如图 B-10 所示），复制" config-sample-mqtt-and-websockets.xml"文件，粘贴到" conf"文件夹，重命名为""config.xml"。图 B-11 是文件内容，在 8000 端口提供 WebSocket。

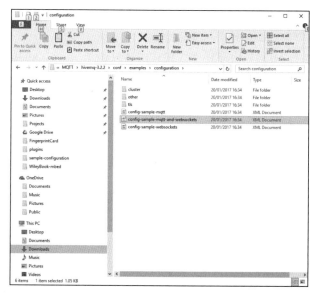

图 B-10　"conf/examples/configuration" 子文件夹里的 "config-sample-mqtt-and-websockets. xml" 文件

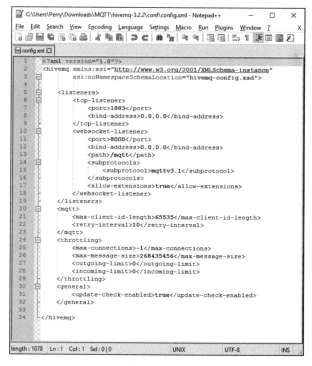

图 B-11　"config.xml" 文件夹内容包含 WebSocket 服务（端口 8000）

　　"config.xml" 文件是 HiveMQ 软件的主要配置文件，如果想保留原始的 "config.xml" 文件，应将其复制到其他地方或重命名。

　　重新运行 HiveMQ MQTT 代理软件。现在应该已激活了端口 8000 的 WebSocket 服务（如图 B-12 所示）。

图 B-12　在端口 8000 激活 WebSocket 服务后的 HiveMQ MQTT 代理软件屏幕输出

　　要测试 WebSocket 服务，可以用 HiveMQ Webscoket 在线客户端页面（如图 B-13 所示）。你可以连接到本地主机 WebSocket 服务并发送 WebSocket 服务消息，也可以从 HiveMQ 终端窗口查看 WebSocket 服务活动，如图 B-14 所示。

更多关于 HiveMQ MQTT 的信息

http://www.hivemq.com/resources/getting-started/

http://www.hivemq.com/blog/hivemq-mqtt-websockets-support-message-log-plugin-2-min http://www.hivemq.com/plugin/file-authentication/

http://www.hivemq.com/demos/websocket-client/

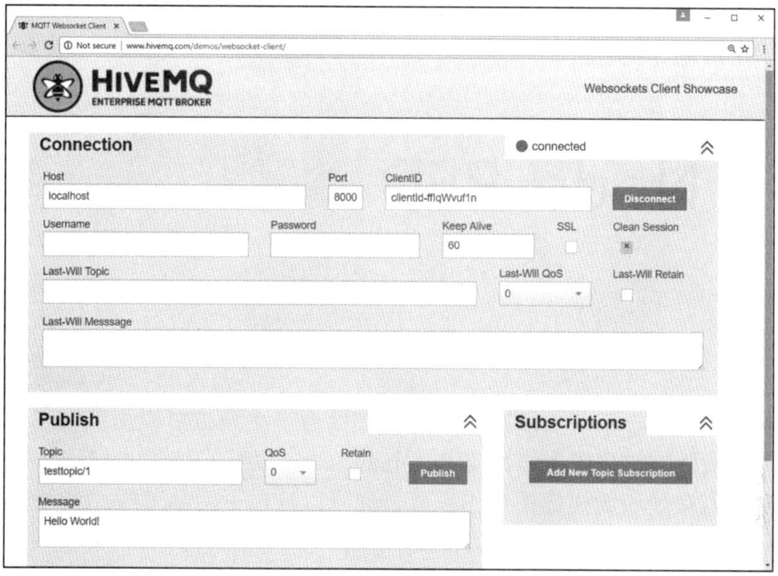

图 B-13 HiveMQ Webscoket 在线客户端

图 B-14 HiveMQ MQTT 代理软件屏幕输出的 WebSocket 消息

附录 C |Appendix C|

树莓派 Node-RED

树莓派是一个非常好的学习工具包。如果你已有一个，也可以用安装了 Node-RED 的树莓派，因为最新版的树莓派操作系统 Raspbian Jessie 默认安装了 Node-RED。

如果你还没有最新版的树莓派操作系统，你可以从以下网站下载，如图 C-1 所示。https://www.raspberrypi.org/downloads/。

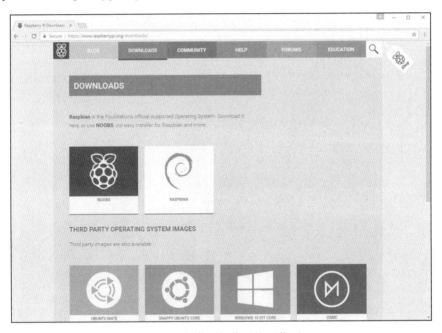

图 C-1 树莓派操作系统下载页

如果你还没有安装 Node-RED 的话，也可以按照指南自己安装。https://howtonode.org/how-to-install-nodejs。

要安装 Node-RED，首先需要安装"Node.js"和"npm"包。从树莓派桌面打开一个终端软件，输入以下命令：

```
$ sudo apt-get update
$ sudo apt-get install nodejs
$ sudo apt-get install npm
```

一旦安装了 Node.js，即可用以下命令安装并运行 Node-RED：

```
$ sudo npm install -g node-red
$ node-red
```

当你有很多设备时，用 SSH 或远程桌面进入树莓派更方便，因为省去了需要一个额外监视器的麻烦。

树莓派默认禁止 SSH，要激活它，可从主菜单进入"Preferences"->"Raspberry Pi Configuration"。将出现一个配置窗口，在"Interfaces"标签栏，确保 SSH 已激活，如图 C-2 所示。现在你应该可以通过任意终端软件用 SSH 远程登录树莓派，如 putty.exe、Tera Term 等。

图 C-2　树莓派配置

要用远程桌面连接到树莓派，首先需要安装"xrdp"和"tightvncserver"包。若要从头开始，首先删除已有的远程桌面软件，如果有的话：

```
$ sudo apt-get remove xrdp vnc4server tightvncserver
```

然后安装"tightvncserver"和"xrdp"软件：

```
$ sudo apt-get install tightvncserver
$ sudo apt-get install xrdp
```

现在你可以通过 Windows 远程桌面用其 IP 地址连接到树莓派。输入用户名和密码（默认为 pi 和 raspberry）后，你应该可以连接到树莓派，如图 C-3 所示。

你可以通过选择树莓主菜单进入"Programming"->"Node-RED"启动 Node-RED 服务，将出现一个 Node-RED 控制台窗口，确认 Node-RED 在运行中，如图 C-3 所示。

图 C-3　树莓派远程桌面

Node-RED 作为一项网页服务运行，要测试 Node-RED，可打开一个网页浏览器，输入"localhost:1880"作为 URL，你将看到 Node-RED 用户界面（UI），如图 C-4 所示。左侧是一个节点板，包含一系列节点，分为若干个目录，如"input""output""functions" "social""analysis"等。右侧是一个输出面板，包含"debug"和"info"标签栏。中间是流程绘制区，可以创建 Node-RED 程序。每个程序命名为一个 flow，第一个程序名默认为"Flow 1"。创建程序非常简单，只需从节点板里拖入一些节点，并连接起来。

　　我们用一个简单的 MQTT 示例程序展示如何在 Node-RED 里编程。从节点板里的
"input"目录里拖入一个"mqtt"节点,"output"目录里拖入一个"debug"节点,将其
连接起来,如图 C-4 所示(上)。双击"mqtt"节点进入配置信息,如图 C-4 所示(下)。
这将连接到我们在前一个附录里做的 HiveMQ MQTT 代理,在计算机的 1833 端口运行。
IP 地址就是你的计算机的 IP 地址。它将订阅"Perry Test"主题。在这个示例中,将接收
发布在"Perry Test"主题里的任何消息,并将其显示在右侧的"debug"标签栏里。现在
单击右上角红色的"Deploy"键激活你的程序。

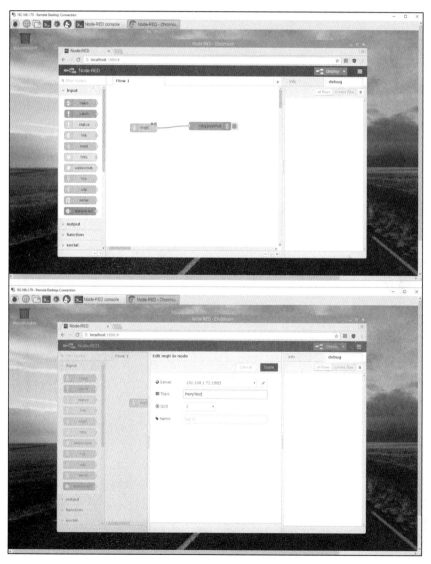

图 C-4　Node-RED 用户界面(上)和"mqtt"节点配置(下)

要测试你的程序，我们同样可以用计算机上的 Eclipse Paho MQTT 客户端软件，如在前一个附录里所做的一样。在这个示例中，它发布了一条消息"tttt"到"Perry Test"主题。该消息既出现在 Eclipse Paho MQTT 客户端，如图 C-5（上）所示，也出现在 Node-RED 程序"debug"标签栏，如图 C-5（下）所示。

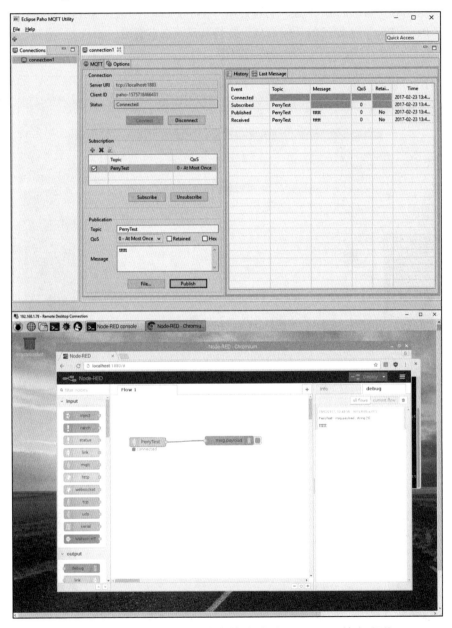

图 C-5　Eclipse Paho MQTT 客户端（上）和 Node-RED 输出（下）

　　你也可以通过添加第二流程到程序，从而将消息发布到 MQTT 代理。从节点板中的"input"目录拖入一个"injet"节点，"output"目录拖入一个"mqtt"节点，将其连接起来，如图 C-6 所示。请注意，当"injet"放在流程绘制区里时，它的名称会变为"timestamp"。这个节点将发出一条时间标识的消息。双击"mqtt"节点，并输入配置，再单击右上角的红色"Deploy"键激活你的程序。

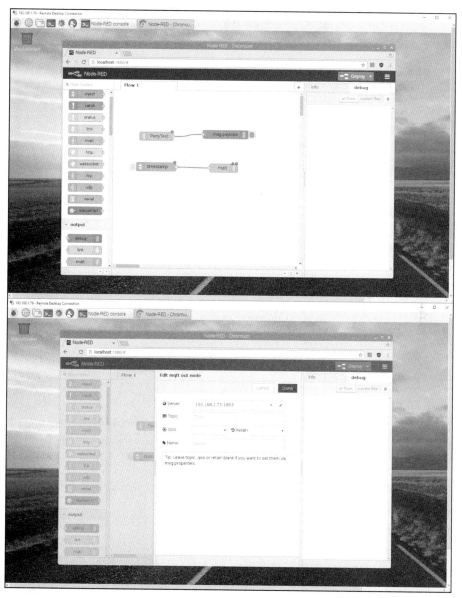

图 C-6　再添加一个流程到程序（上）和"mqtt"输出节点配置（下）

现在，当你每次按"timestamp"节点时，将发布一条时间标识的消息到"Perry Test"主题。第一流程将接收消息，如图 C-7 所示，在"debug"标签栏中。

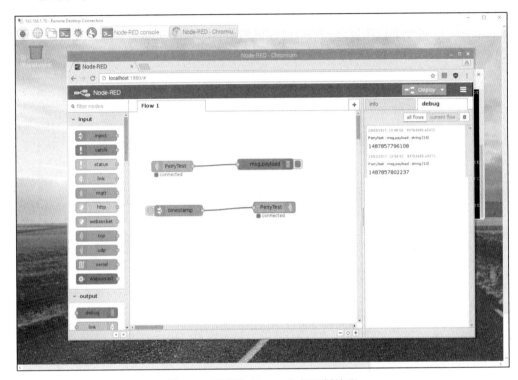

图 C-7　程序的"debug"标签栏输出

你可能也想安装"Palette Manager"，这样你可以安装新的组件。以下是命令：

```
$ sudo apt-get update
$ sudo apt-get install npm
$ sudo npm i -g npm@2.x
```

安装后，重启 Node-RED，然后在右上角的菜单中，你将看到名为"Manage Palette"的项目（图 C-8），这里你可以安装组件，如 Node-RED 控制面板，如第 12 章 12.5.3 节所示。

有很多有趣的在线示例，你可以通过 JSON（JavaScript Object Notation）导入试用。

http://flows.nodered.org/

http://noderedguide.com/tag/example/

https://hub.jazz.net/project/sportshack/node-red-examples/overview

更多关于 Node-RED 的信息

http://noderedguide.com/

http://nodered.org/docs/hardware/raspberrypi.html

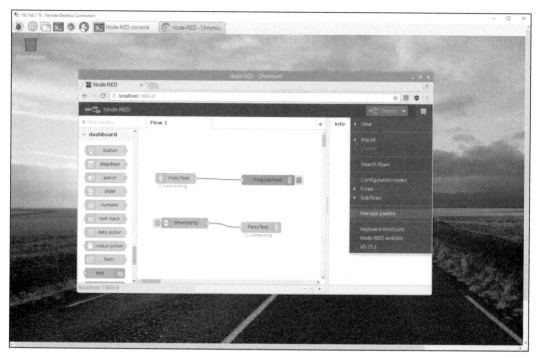

图 C-8 下拉菜单中的"Manage Palette"项目

字符串和数组运算

一直以来，字符串和数组运算对于许多程序员来说都是一个难题，因此在这个附录中，我们提供了一个常用的字符串和数组运算的示例代码列表。

定义字符串

```
char str[256] ;
strcpy (str,"hello world");      //str = "hello world";

or

char str[60] = "Hello World";

or

char *str = "Hello World";
```

连接字符串（合并字符串）

```
char str[80] = "hello ";
strcat (str,"world ");       // 将 "hello" 和 "world" 合并到字符串
```

子串

```
char *buff = "Hello World";
char* substr;
strncpy(substr, buff+7, 5);  //开始索引：7 子字符串长度：5
```

字符串长度

```
char str[32] = "hello, world";
int n = strlen (str)
```

字符串到浮点数 / 双精度浮点数（sscanf）

```
char *buff  = "51.432";
double x;
sscanf(buff, "%f", &x);
printf("%f\n\r",x);
```

字符串到浮点数 / 双精度浮点数 (atof)

```
#include <cstdlib>
void main()
{
    float x;
    x = atof("3.14");
}
```

从字符串中读取数字

```
#include <stdio.h>

int main ()
{
  char sentence []="Tony   34   5.6";
  char str [20]; int x; float y;

  sscanf (sentence,"%s %*d %f",str,&x,&y);
  printf ("%s %d %f\n",str,x,y);

  return 0;
}
```

组合字符串和数字

```
char buffer[256];
float x = 3.5;
int y =20;
n=sprintf (buffer, "%s %f %d", "Tom", x, y);
```

将字符串分割为两段

```
#include <string.h>

char *token;
char line[] = "Hello World";
char *search = " ";

//令牌将指向 "Hello".
token = strtok(line, search);

// Token will point to "World".
token = strtok(NULL, search);
```

将字符串分割为若干段

```
#include <stdio.h>
#include <string.h>

int main ()
{
    char str[] ="- This, a sample string.";
    char * pch;
    printf ("Splitting string \"%s\" into tokens:\n",str);
    pch = strtok (str," ,.-");
```

```
    while (pch != NULL)
    {
        printf ("%s\n\r",pch);
        pch = strtok (NULL, " ,.-");
    }
    return 0;
}
```

浮点数到字符串

```
char buffer[50];
float x = 3.5;
n=sprintf (buffer, "%f", x);
```

字符串数组

```
char * const str[] = {
    "Hello",
    "World",
};
printf ("%s\t%s\n\r",str[0],str[1]);
```

将字符串转换为大写格式

```
#include<string.h>

int main() {
   char *str = "Hello World";
   strupr(str);
   printf("%s\n\r", str);

   return (0);
}


#include <stdio.h>
#include <ctype.h>
int main()
{
   int i = 0;
   char c;
   char str[] = "Hello World";

   while(str[i])
   {
      str[i]=toupper(str[i]);
      i++;
   }

   return(0);
}
```

将字符串转换为小写格式

```c
#include <string.h>
#include <ctype.h>

char *strlwr(char *str)
{
  unsigned char *p = (unsigned char *)str;

  while (*p) {
     *p = tolower((unsigned char)*p);
      p++;
  }

  return str;
}
```

将字符串转换为小写格式 2

```c
#include <stdio.h>
#include <ctype.h>

int main()
{
   int i = 0;
   char c;
   char str[] = "Hello World";

   while( str[i] )
   {
      str[i]=tolower(str[i]);
      i++;
   }

   return(0);
}
```

比较两个字符串

```c
char *c1  = "hello";
char c2 [] = "hello";

if (strcmp(c1,c2)==0){
    //程序
}
```

比较两个字符

```c
#include "mbed.h"

Serial pc(USBTX, USBRX); // tx, rx

int main() {
    char c = pc.getc();
    if(c == 'a') {
        //程序
    }
}
```

整数型数组

```
int age[4];

age[0]=14;
age[1]=13;
age[2]=15;
age[3]=16;

or

int arr [5] = {1,2,3,4,5};

for (int i=0; i<5;i++){
    printf("%d", arr[i]);
}
```

整数型二维数组

```
int age[4][3];

age[0][0]=14;
age[1][0]=13;
age[2][0]=15;
age[3][0]=16;

age[0][1]=14;
age[1][1]=13;
age[2][1]=15;
age[3][1]=16;

age[0][2]=14;
age[1][2]=13;
age[2][2]=15;
age[3][2]=16;
or

int ages [3][4] = {
    {1, 2, 3, 4},
    {5, 6, 7, 8},
    {9, 10, 11, 12}
};
```

浮点型数组

```
#include <stdio.h>

int main()
    float data[4096];
    for (int i=0;i<4096;i++)
    {
        data[i]=i*0.001;
        printf("%f\n\r", data[i]);
    }
    return 0;
}
```

浮点型二维数组

```
#include <stdio.h>

int main()
    float data[4096][3];
    for (int i=0;i<4096;i++)
    {
        data[i][0]=i*0.001;
        data[i][1]=sin(i*0.001);
        data[i][2]=cos(i*0.001);
        printf("%10.2f \t %10.2f \t %10.2f \n\r", data[i][0],
data[i][1], data[i][2]);
    }
    return 0;
}
```

常用在线资源

Arm® Mbed ™

https://www.arm.com/products/processors/instruction-set-architectures/index.php
https://en.wikipedia.org/wiki/ARM_architecture

Mbed YouTube 播放列表

https://www.youtube.com/channel/UCNcxd73dSceKtU77XWMOg8A/playlists

C/C++ 引用

http://www.cplusplus.com/reference/
http://en.cppreference.com/w/
https://www.gnu.org/software/gnu-c-manual/gnu-c-manual.html

C/C++ 入门指南

http://www.cplusplus.com/doc/tutorial/
https://www.tutorialspoint.com/cplusplus/
http://www.cprogramming.com/begin.html

WebSocket 入门指南

http://tutorialspoint.com/websockets/index.htm
https://developer.mbed.org/cookbook/Websockets-Server
https://www.fullstackpython.com/websockets.html

Python 入门指南

https://docs.python.org/3/tutorial/
https://www.tutorialspoint.com/python/

Java 入门指南

https://docs.oracle.com/javase/tutorial/
http://www.javatpoint.com/java-tutorial
http://javabeginnertutorial.com/core-java/

MQTT 入门指南

http://mqtt.org/documentation
http://www.hivemq.com/blog/how-to-get-started-with-mqtt
http://www.ev3dev.org/docs/tutorials/sending-and-receiving-messages-with-mqtt/
https://learn.adafruit.com/mqtt-adafruit-io-and-you/overview

Node-RED 入门指南

https://nodered.org/docs/getting-started/first-flow
http://noderedguide.com/
https://developer.ibm.com/recipes/tutorials/getting-started-with-watson-iot-platform-
　　using-node-red/

JSON 入门指南

https://www.w3schools.com/js/js_json_intro.asp
http://www.tutorialspoint.com/json/
https://www.javatpoint.com/json-tutorial

Node.js 入门指南

https://nodejs.org/en/
http://www.tutorialspoint.com/nodejs
http://www.nodebeginner.org/

推荐阅读

机·智：从数字化车间走向智能制造

作者：朱铎先 赵敏 ISBN：978-7-111-60961-2 定价：79.00元

　　本书创新性地以"取势、明道、优术、利器、实证"五大篇章为主线，为读者次第展开了一幅取新工业革命之大势、明事物趋于智能之常道、优赛博物理系统之巧术、利工业互联网之神器、展数字化车间之实证的智能制造美好画卷。

　　本书既从顶层设计的视角讨论智能制造的本源、发展趋势与应对战略，首次汇总对比了美德日中智能制造发展战略和参考架构模型，又从落地实施的视角研究智能制造的技术和战术，详细介绍了制造执行系统（MES）与设备物联网等数字化车间建设方法。两个视角，上下呼应，力图体现战略结合战术、理论结合实践的研究成果。对制造企业智能化转型升级具有很强的借鉴与参考价值。

推荐阅读

工业APP：开启数字工业时代

作者：何强 李义章 ISBN：978-7-111--62246-8 定价：79.00元

本书创造性地引入系统工程方法，应用系统思维来认识和研究工业APP以及工业APP生态，系统性地阐述了工业APP生命周期过程，为广大读者清晰呈现如何将工业技术知识与经验显性化、特征化和软件化形成工业APP，并广泛重用，实现个体知识价值体现与价值倍增的完整场景。

本书既阐明了工业APP发展的理论基础和工业APP驱动制造业核心价值向设计端迁移的重要性，又以航天、航空发动机等领域案例，说明工业APP对于开启数字工业时代的重要意义，非常具有启发性和说服力。本书理论与实践融合，条理清晰，对推动我国工业APP技术、产业与应用的发展具有指导性。

推 荐 阅 读

智慧企业工业互联网平台开发与创新

作者：彭俊松 ISBN：978-7-111-62430-1 定价：79.00元

　　本书重点阐述如何搭建迈向智慧企业的工业互联网数字化架构，如何在这一架构上规划企业数字化转型的技术路线，以及制造企业如何运用工业互联网技术，在数字化产品、数字化制造、数字化服务三个领域中进行转型与创新。全书的内容涉及物联网、工业4.0、CPS、大数据、数字化双胞胎、数字化主线、大规模定制、数字化供应链、分布式制造、人工智能与机器学习、预测性维护、制造向服务转型等多项技术的探讨和应用。本书适合对工业互联网感兴趣的企业高级管理人员和业务骨干，以及在相关咨询公司和技术公司工作的技术人士阅读。此外，本书还可以作为各研究机构、高等院校和其他对工业互联网感兴趣的相关人员参考。